Eureka Math®

5e année
Modules 1 et 2

Great Minds PBC is the creator of Eureka Math®,
Wit & Wisdom®, Alexandria Plan™, and PhD Science™.

Published by Great Minds PBC. greatminds.org

ISBN 978-1-64929-100-4

1 2 3 4 5 6 7 8 9 10 XXX 25 24 23 22 21 20

Printed in the USA

Apprendre ◆ Pratiquer ◆ Réussir

Le matériel pédagogique *d'Eureka Math*® pour *A Story of Units*® (K-5) est proposé dans le trio *Apprendre, Pratiquer, Réussir* Cette série prend en charge la différenciation et la remédiation tout en gardant les documents pour les étudiants organisés et accessibles. Les éducateurs constateront que la série *Apprendre, Pratiquer, et Réussir* propose également des ressources cohérentes—et donc plus efficaces—pour la réponse à l'intervention (RAI), la pratique supplémentaire et l'apprentissage pendant l'été.

Apprendre

Apprendre d'Eureka Math sert de compagnon de classe aux étudiants, où ils montrent leurs réflexions, partagent ce qu'ils savent, et voient leurs connaissances s'enrichir chaque jour. Apprendre rassemble le travail quotidien en classe—Problèmes applicatifs, Tickets de sortie, Ensembles de problèmes, Modèles—dans un volume organisé et facilement navigable.

Pratiquer

Chaque leçon *Eureka Math* commence par une série d'activités de perfectionnement énergiques et joyeuses, y compris celles se trouvant dans *Pratiquer d'Eureka Math*. Les élèves qui maîtrisent déjà leurs savoirs en mathématiques peuvent acquérir une plus grande maîtrise *pratique*, encore plus approfondie. *Avec Pratiquer, les élèves acquièrent des compétences dans les savoirs nouvellement acquis et renforcent leurs apprentissages antérieurs en vue de la leçon suivante.*

Ensemble, *Apprendre* et *Pratiquer* fournissent tout le matériel imprimé que les élèves utiliseront pour leur enseignement fondamental des mathématiques.

Réussir

Réussir d'Eureka Math permet aux élèves de travailler individuellement vers leur maîtrise. Ces ensembles additionnels de problèmes font correspondre chaque leçon à l'enseignement en classe, ce qui les rend idéaux comme devoirs ou entraînements supplémentaires. Chaque ensemble de problèmes est accompagné d'une Aide aux devoirs, un ensemble d'exemples concrets qui illustrent comment résoudre des problèmes similaires.

Les enseignants et les tuteurs peuvent utiliser les livres *Réussir* des niveaux précédents comme outils cohérents avec le programme pour combler des lacunes dans les connaissances fondamentales. Les élèves s'épanouiront et progresseront plus rapidement parce que les modèles familiers facilitent les connexions au contenu de leur niveau scolaire actuel.

Élèves, familles, et éducateurs :

Merci de faire partie de la communauté *Eureka Math*®, qui célèbre la passion, l'émerveillement et le plaisir des mathématiques.

Rien ne vaut la satisfaction de la réussite : plus les étudiants sont compétents, plus leur motivation et leur engagement sont grands. Le livre *Eureka Math Réussir* fournit les conseils et les exercices supplémentaires dont les élèves ont besoin pour consolider leurs connaissances de base et acquérir la maîtrise de nouveaux matériaux.

Que contient le livre Réussir ?

Les livres *Eureka Math Réussir* fournissent des ensembles d'exercices pratiques qui complémentent les leçons de *Une histoire d'unités*®. Chaque leçon de *Réussir* commence par un ensemble d'exemples travaillés, appelés *"aides aux devoirs"*, qui illustrent la façon dont le programme d'études utilise la modélisation et le raisonnement pour renforcer la compréhension. Ensuite, les élèves s'exercent à l'aide d'une série de problèmes soigneusement séquencés afin de partir d'une zone de confort, puis augmentent progressivement en complexité.

Comment utiliser Réussir ?

La série de livres *Réussir* peut être utilisée comme enseignement différencié, entraînements, comme devoirs ou comme soutien scolaire. Associées à *Affirmé*®, le système d'évaluation numérique *d'Eureka Math*, les leçons de *Réussir* permettent aux éducateurs de dispenser une pratique ciblée et d'évaluer les progrès des élèves. L'alignement de *Réussir* avec les modèles mathématiques et le langage utilisés dans *Une histoire d'unités* garantit aux élèves de comprendre les liens et la pertinence de leur enseignement quotidien, qu'ils travaillent sur les compétences de base ou qu'ils approfondissent leurs savoirs.

Où puis-je en savoir plus sur les ressources Eureka Math *?*

L'équipe de Great Minds® s'engage à aider les élèves, les familles, et les éducateurs avec une bibliothèque de ressources en constante expansion, disponible sur le site eureka-math.org. Le site Web propose également des histoires de réussite inspirantes survenues dans la communauté *Eureka Math*. Partagez vos idées et vos réalisations avec d'autres utilisateurs en devenant un Champion *d'Eureka Math.*

Meilleurs vœux pour une année remplie de moments Eureka !

Jill Diniz
Directeur des mathématiques
Great Minds

Contenu

Module 1 : Valeur de position et fractions décimales

Module 2 : Opérations sur plusieurs nombres entiers et fractions décimales

Sujet G : Quotients partiels et division décimale à plusieurs chiffres

Sujet H : Problèmes de mots de mesure avec la division à plusieurs chiffres

5e année

Module 1

Remarque : Il est courant d'encourager les élèves à simplement « déplacer la virgule décimale » d'un certain nombre de points lors de la multiplication ou de la division par des puissances de 10. Au lieu de cela, encouragez les élèves à comprendre que la virgule décimale se situe entre la place un et la place dixième. Le point décimal ne bouge pas. Au contraire, les chiffres se déplacent le long du tableau des valeurs de position lors de la multiplication et de la division par des puissances de dix.

Utilisez le tableau des valeurs de position et les flèches pour montrer comment la valeur de chaque chiffre change.

1. $4{,}215 \times 10 = \mathbf{42{,}15}$

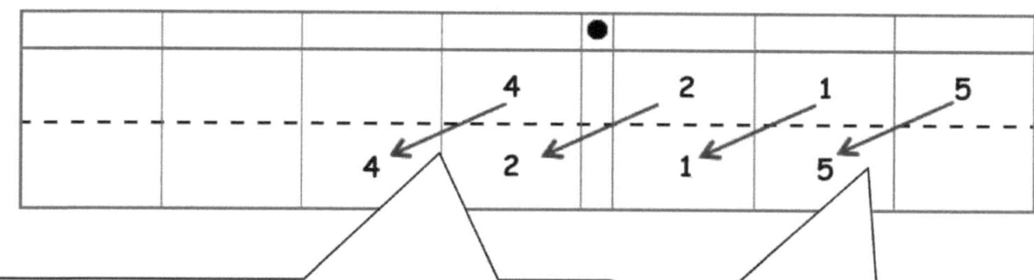

2. $421 \div 100 = \mathbf{4{,}21}$

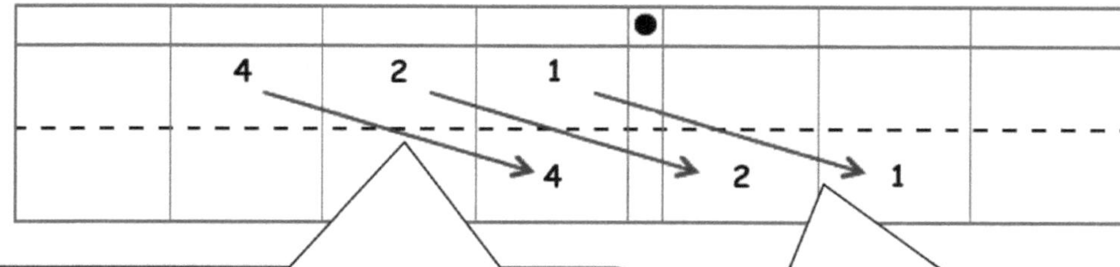

3. Un élève a utilisé son tableau des valeurs de position pour montrer un nombre. Après que l'enseignant lui a demandé de multiplier son nombre par 10, le graphique montre 3 200,4. Dessinez une image de ce à quoi ressemblait le tableau des valeurs de position première.

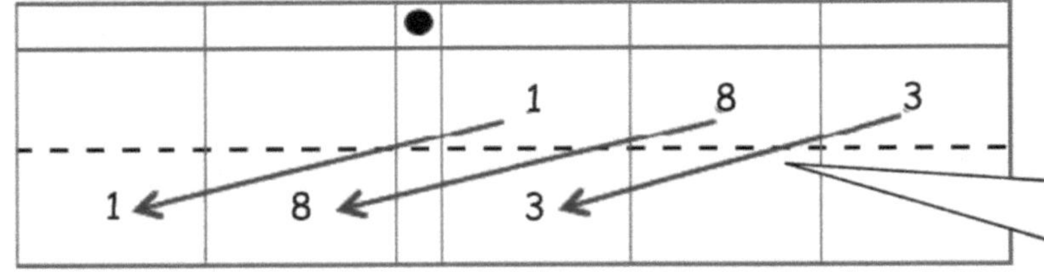

milliers	centaines	dizaines	unités	●	dixièmes	centièmes	millième
	3	2	0	.	0	4	

4. Un microscope a un paramètre qui grossit un objet de sorte qu'il apparaisse 100 fois plus grand vu à travers l'oculaire. Si un petit insecte est 0,183 cm de longueur, combien de temps l'insecte apparaîtra-t-il en centimètres au microscope ? Expliquez comment vous le savez.

L'insecte semble être 18,3 cm de longueur au microscope.

Puisque le microscope grossit les objets 100 fois, l semble être 100 fois plus grand. j'ai utilisé un tableau de valeurs de position pour montrer ce qui arrive à la valeur de chaque chiffre lorsqu'il est multiplié par 100. Chaque chiffre change 2 places à gauche.

Nom _______________________________________   Date _________________________

1. Utilisez le tableau des valeurs de position et les flèches pour montrer comment la valeur de chaque chiffre change. Le premier a été fait pour toi.

   a. $4{,}582 \times 10 =$ ___45,82___

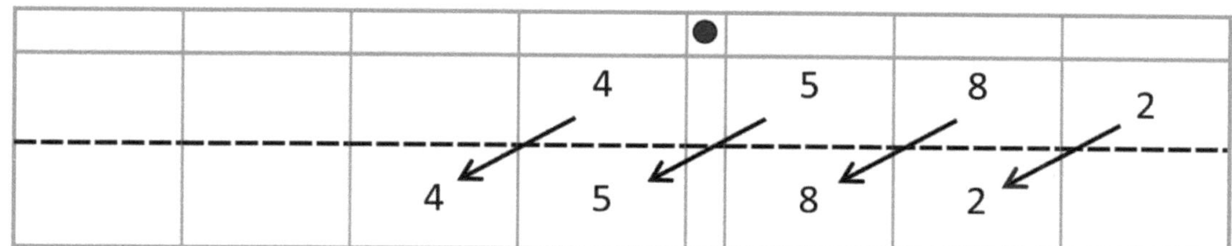

   b. $7{.}281 \times 100 =$ _______________

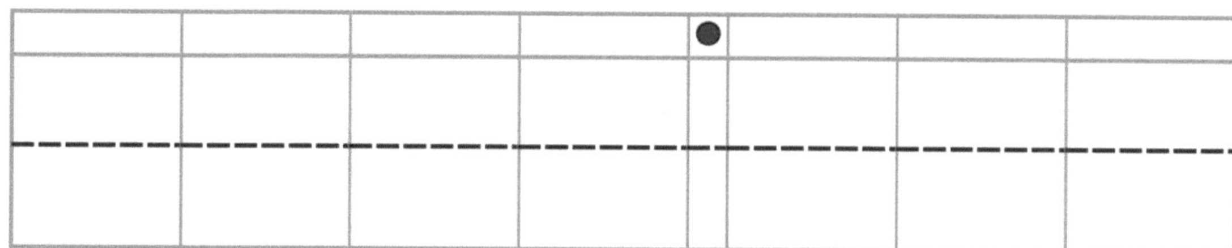

   c. $9{,}254 \times 1\,000 =$ _______________

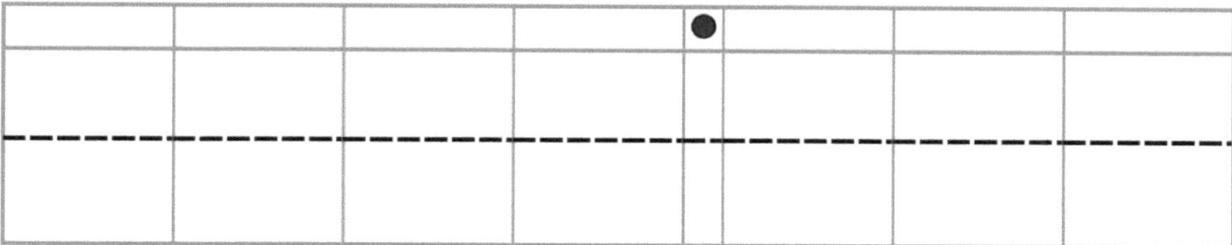

   d.   Expliquez comment et pourquoi la valeur des 2 a changé en (a), (b) et (c).

2. Utilisez le tableau des valeurs de position et les flèches pour montrer comment la valeur de chaque chiffre change. Le premier a été fait pour toi.

   a. $2,46 \div 10 =$ ___0,246___

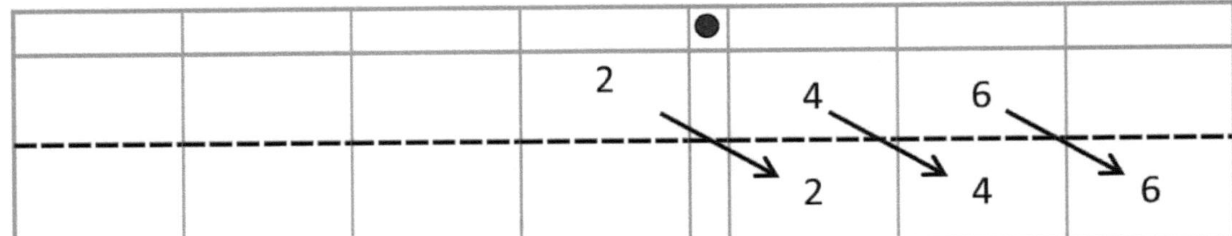

   b. $678 \div 100 =$ ___________

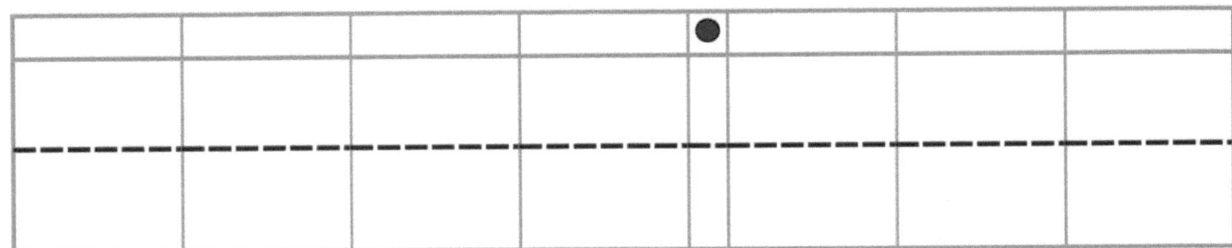

   c. $67 \div 1\ 000 =$ ___________

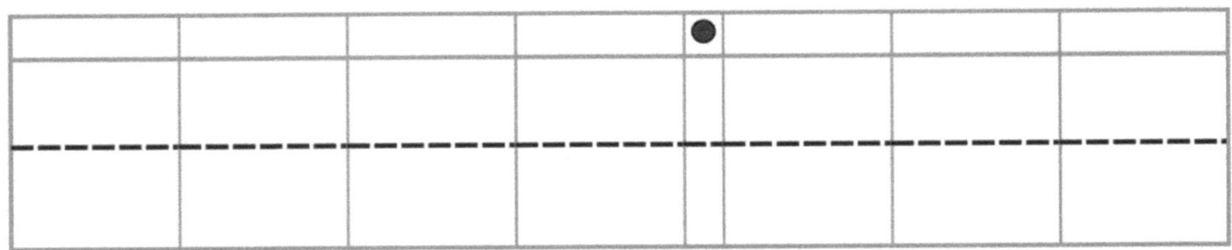

   d.   Expliquez comment et pourquoi la valeur de 6 a changé dans les quotients de (a), (b) et (c).

Leçon 1 :   Raisonnez concrètement et picturalement en utilisant la compréhension
              de la valeur de position pour associer les unités de base dix adjacentes
              de millions à millièmes.

EUREKA
MATH

3. Les chercheurs ont dénombré 8 912 papillons monarques sur une branche d'un arbre sur un site du Mexique. Ils ont estimé que le nombre total de papillons sur le site était 1 000 fois plus grand. Environ combien de papillons étaient sur le site en tout ? Expliquez votre pensée et incluez un énoncé de la solution.

4. Un élève a utilisé son tableau des valeurs de position pour montrer un nombre. Après que l'enseignant lui ait demandé de diviser son nombre par 100, le graphique montrait 28,003. Dessinez une image de ce à quoi ressemblait le tableau des valeurs de position première.

				●			

Expliquez comment vous avez décidé quoi dessiner sur votre tableau de valeur de position. Assurez-vous d'inclure un raisonnement sur la façon dont la valeur de chaque chiffre a été affectée par la division.

5. Sur une carte, le périmètre d'un parc est de 0,251 mètre. Le périmètre réel du parc est 1 000 fois plus grand. Quel est le périmètre réel du parc ? Expliquez comment vous le savez en utilisant un tableau de valeurs de position.

Leçon 1 :   Raisonnez concrètement et picturalement en utilisant la compréhension de la valeur de position pour associer les unités de base dix adjacentes de millions à millièmes.

EUREKA MATH®

1. Résoudre.

   a. 4,258 × 10 = __42, 580__

   > J'ai visualisé un tableau de valeur de position. 8 unités multipliées par 10, c'est 8 dizaines En multipliant par 10, chaque chiffre décale de 1 place vers le *la gauche*.

   b. 4,258 ÷ 10 = __425.8__

   > En divisant par 10, chaque chiffre décale de 1 place vers *la droite*.

   c. 3.9 × 100 = __390__

   > Le facteur 100 a 2 zéros, donc je peux visualiser chaque chiffre se décaler de 2 places vers la *la gauche*.

   d. 3.9 ÷ 100 = __0.039__

   > Le diviseur, 100, a 2 zéros, donc chaque chiffre décale de 2 places vers *la droite*.

2. Résoudre.

   a. 9,647 × 100 = __964,700__

   > 7 × 1 cent = 7 centaines = 700

   b. 9,647 ÷ 1,000 = __9.647__

   > 7 ÷ 1 mille = 7 millièmes = 0.007

   c. Expliquez comment vous avez décidé du nombre de zéros dans le produit pour la partie (a).

   J'ai visualisé un graphique de valeur de position. Multipliant par 100 décale chaque chiffre du facteur 9 647 deux places à gauche, donc il y avait 2 zéros supplémentaires dans le produit.

   d. Expliquez comment vous avez décidé où placer la décimale dans le quotient pour la partie (b).

   Le diviseur, 1 000, a 3 zéros, donc chaque chiffre 9 647 quarts 3 places à droite. Lorsque le chiffre 9 quarts 3 endroits à droite, il se déplace à ceux-là, donc je savais que le point décimal devait aller entre la place des uns et la place des dixièmes. Je mets la décimale entre le 9 et le 6.

Leçon 2 : Raisonnez abstraitement en utilisant la compréhension de la valeur de position pour relier unités de base dix de millions à millièmes.

3. Jasmine dit que 7 centièmes multipliés par 1 000 équivaut à 7 milliers. Est-ce qu'elle a raison ? Utiliser un lieu tableau de valeurs pour expliquer votre réponse.

Jasmine n'a pas raison. 7 ceux × 1 000 serait 7 milliers.

Mais 0.07 × 1 000 = 70. Regardez mon tableau de valeur de position.

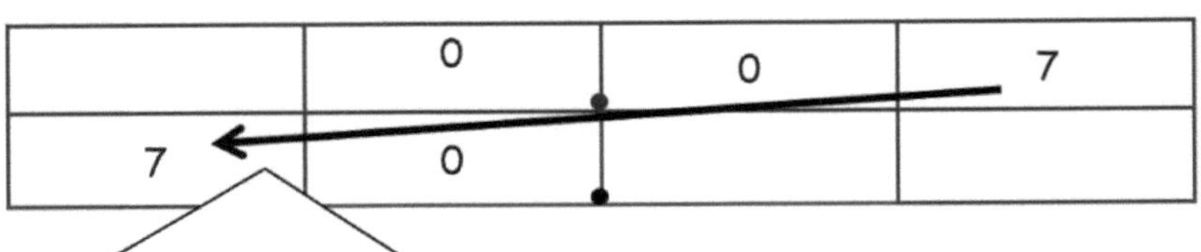

Le facteur 1,000 a 3 zéros, donc le chiffre 7 décale de 3 places vers la gauche sur le tableau de la valeur de position.

4. La classe de Nino a gagné 750 $ en vendant des barres chocolatées pour une collecte de fonds. 1/2 de tout l'argent collecté provenait des ventes fabriqué par Nino. Combien d'argent Nino a-t-il collecté?

La bande entière représente tout l'argent gagné par la classe de Nino.

Nino a collecté $\frac{1}{10}$ tout l'argent, alors je divise la bande en diagramme en 10 unités égales.

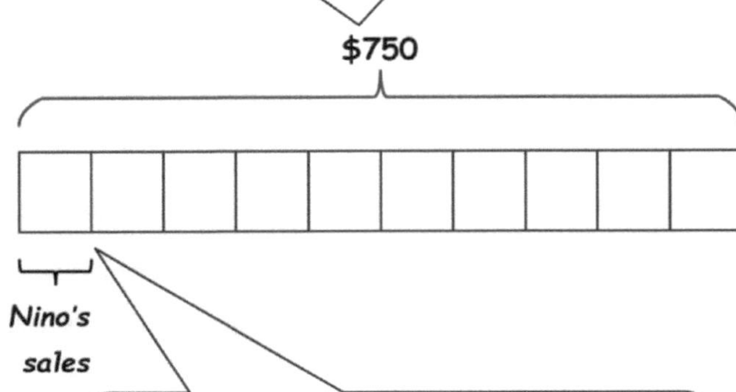

La valeur de cette unité me dira combien d'argent Nino a gagné pour sa classe.

10 unités = $750

1 unité = $750 ÷ 10

1 unité = $75

Nino's raised $75.

Leçon 2 :   Raisonnez abstraitement en utilisant la compréhension de la valeur de position pour relier unités de base dix de millions à millièmes.

EUREKA MATH

Nom _________________________________ Date _______________________

1. Résoudre.

    a. $36\,000 \times 10 =$ _________________

    b. $36\,000 \div 10 =$ _________________

    c. $4{,}3 \times 10 =$ _________________

    d. $4{,}3 \div 10 =$ _________________

    e. $2{,}4 \times 100 =$ _________________

    f. $24 \div 1\,000 =$ _________________

    g. $4{,}54 \times 1\,000 =$ _________________

    h. $3\,045{,}4 \div 100 =$ _________________

2. Trouvez les produits.

    a. $14\,560 \times 10 =$ _________________

    b. $14\,560 \times 100 =$ _________________

    c. $14\,560 \times 1\,000 =$ _________________

Expliquez comment vous avez décidé du nombre de zéros dans les produits pour (a), (b) et (c).

EUREKA MATH

3. Trouvez les quotients.

    a. $16,5 \div 10 =$ _______________

    b. $16,5 \div 100 =$ _______________

    c.   Expliquez comment vous avez décidé où placer la décimale dans les quotients pour (a) et (b).

4. Ted dit que 3 dixièmes multipliés par 100 équivalent à 300 millièmes. A-t-il raison ? Utilisez un tableau de valeur de position pour expliquer votre réponse.

5. L'Alaska a une superficie d'environ 1 700 000 kilomètres carrés. La Floride a une superficie $\frac{1}{10}$ la taille de l'Alaska. Quelle est la superficie de la Floride ? Expliquez comment vous avez trouvé votre réponse.

       Leçon 2 :   Raisonnez abstraitement en utilisant la compréhension de la valeur de position
                       pour relier unités de base dix de millions à millièmes.

EUREKA
MATH

1. Écrivez ce qui suit sous forme exponentielle.

   a. $10 \times 10 \times 10 =$ __**10^3**__

   > 10 est un facteur multiplié par 3 , l'exposant est donc 3. Je peux lire ceci comme «dix à la troisième puissance».

   c. $100\,000 =$ __**10^5**__

   b. $1{,}000 \times 10 =$ __**10^4**__

   d. $100 =$ __**10^2**__

   > $1{,}000 = 10 \times 10 \times 10$, donc cette expression utilise 10 comme facteur multiplié par 4. L'exposant est 4.t

   > Je reconnais un schéma. 100 a 2 zéros. Par conséquent, l'exposant est 2. Cent est égal à 10 à la 2e puissance.

2. Écrivez ce qui suit sous forme standard.

   a. $6 \times 10^3 =$ __**6,000**__

   > 10^3 est égal à 1000. 6 mutliplié par 1 000, c'est 6 mille.

   c. $643 \div 10^3 =$ __**0,643**__

   b. $60.43 \times 10^4 =$ __**604,300**__

   d. $6.4 \div 10^2 =$ __**0.064**__

   > L'exposant 4 me dit combien de places chaque chiffre se décalera vers la gauche.

   > L'exposant 2 me dit combien de places chaque chiffre se décalera vers la droite.

3. Complétez les modèles.

   a.   0.06   0.6   __**6**__   60   __**600**__   __**6,000**__

   > 6 dixièmes est supérieur à 6 centièmes. Chaque numéro du schéma est 10 fois plus grand que le numéro précédent.

   b.   __**92,100**__   9,210   __**921**__   92.1   9.21   __**0.921**__

   > Les chiffres diminuent dans ce schéma.

   > Les chiffres ont chacun décalé d'une place vers la droite. Le schéma dans cette séquence est "diviser par 10^1".

Nom ____ Date _____________________

1. Écrivez ce qui suit sous forme exponentielle (par exemple, $100 = 10^2$).

  a. $1\ 000 =$ ___________   d. $100 \times 10 =$ ___________

  b. $10 \times 10 =$ ___________   e. $1\ 000\ 000 =$ ___________

  c. $100\ 000 =$ ___________   f. $10\ 000 \times 10 =$ ___________

2. Écrivez ce qui suit sous forme standard (par exemple, $4 \times 10^2 = 400$).

  a. $4 \times 10^3 =$ ___________   e. $6{,}072 \times 10^3 =$ ___________

  b. $64 \times 10^4 =$ ___________   f. $60{,}72 \times 10^4 =$ ___________

  c. $5\ 300 \div 10^2 =$ ___________   g. $948 \div 10^3 =$ ___________

  d. $5\ 300\ 000 \div 10^3 =$ ___________ h. $9{,}4 \div 10^2 =$ ___________

3. Complétez les modèles.

  a. 0,02 0,2 ___________ 20 ___________ ___________

  b. 3 400 000 34 000 ___________ 3,4 ___________

  c. ___________ 8 570 ___________ 85,7 8,57 ___________

  d. 444 4 440 44 400 ___________ ___________ ___________

  e. ___________ 9,5 950 95 000 ___________ ___________

4. Après une leçon sur les exposants, Tia est rentrée chez elle et a dit à sa mère : « J'ai appris que 10^4 est le même que 40 000. » Elle a fait une erreur dans sa pensée. Utilisez des mots, des chiffres ou un tableau de valeurs de position pour aider Tia à corriger son erreur.

5. Résoudre $247 \div 10^2$ et 247×10^2.

   a. Quelle est la différence entre les deux réponses ? Utilisez des mots, des chiffres ou des images pour expliquer comment les chiffres décalage.

   b. Basé sur des réponses de la paire w r d'expressions ci-dessus, résolvez $247 \div 10^3$ et 247×10^3.

Leçon 3 : Utilisez des exposants pour nommer les unités de valeur de position et expliquer les placements du point décimal.

EUREKA MATH

1. Convertissez et écrivez une équation avec un exposant.

> Dans les 2 premiers problèmes, je convertis une *plus grande* unité à une *plus petite* unité. Par conséquent, je dois multiplier pour trouver la longueur équivalente.

> 1 mètre est égal à 100 centimètres.

   a. 4 mètres en centimètres $\underline{\quad 4 \quad}$ m = $\underline{\quad 400 \quad}$ cm

   $$4 \times 10^2 = 400$$

> 1 mètre équivaut à 1 000 millimètres.

   b. 2.8 mètres en millimètres $\underline{\quad 2.8 \quad}$ m = $\underline{\quad 2,800 \quad}$ mm

   $$2.8 \times 10^3 = 2,800$$

2. Convertissez en utilisant une équation avec un exposant.

> Dans les 2 premiers problèmes, je convertis une *plus petite* unité à une *plus grande* unité. Par conséquent, je dois multiplier pour trouver la longueur équivalente.

> Il y a 100 centimètres dans 1 mètre.

   a. 87 centimètres en mètres $\underline{\quad 87 \quad}$ cm = $\underline{\quad 0.87 \quad}$ m

   $$87 \div 10^2 = 0.87$$

> Il y a 1000 millimètres sur 1 mètre.

   b. 9 millimètres en mètres $\underline{\quad 9 \quad}$ mm = $\underline{\quad 0.009 \quad}$ m

   $$9 \div 10^3 = 0.009$$

3. La hauteur d'un téléphone portable est 13 cm. Exprimez cette mesure en mètres. Expliquez votre pensée. Incluez une équation avec un exposant dans votre explication.

$$13 \text{ cm} = 0.13 \text{ m}$$

> Pour renommer des unités plus petites en unités plus grandes, je vais devoir diviser.

Vu qu'un 1 mètre équivaut à 100 centimètres, j'ai divisé le nombre de centimètres par 100.

$$13 \div 10^2 = 0.13$$

> Je dois inclure une équation avec un exposant, je vais donc exprimer 100 comme 102.

Nom ____   Date _______________________

1. Convertissez et écrivez une équation avec un exposant. Utilisez votre bandelette de mesure lorsqu'elle vous aide.

    a. 2 mètres en centimètres   2 m = 200 cm $2 \times 10^{2} = 200$

    b. 108 centimètres en mètres   108 cm = _______ m   ___________________

    c. 2,49 mètres en centimètres   _______ m = _______ cm   ___________________

    d. 50 centimètres en mètres   _______ cm = _______ m   ___________________

    e. 6,3 mètres en centimètres   _______ m = _______ cm   ___________________

    f. 7 centimètres en mètres   _______ cm = _______ m   ___________________

    g. Dans l'espace ci-dessous, énumérez les lettres des problèmes où des unités plus petites sont converties en unités plus grandes.

2. Convertissez en utilisant une équation avec un exposant. Utilisez votre bandelette de mesure lorsqu'elle vous aide.

    a. 4 mètres en millimètres   _______ m = _______ mm   ___________________

    b. 1,7 mètres en millimètres   _______ m = _______ mm   ___________________

    c. 1 050 millimètres en mètres   _______ mm = _______ m   ___________________

    d. 65 millimètres en mètres   _______ mm = _______ m   ___________________

    e. 4,92 mètres en millimètres   _______ m = _______ mm   ___________________

    f. 3 millimètres en mètres   _______ mm = _______ m   ___________________

    g. Dans l'espace ci-dessous, énumérez les lettres des problèmes où des unités plus grandes sont converties en unités plus petites.

3. Lisez chacun à haute voix pendant que vous écrivez les mesures équivalentes. Écrivez une équation avec un exposant que vous pourriez utiliser pour convertir.

    a.   2,638 m   = _______________ mm $2{,}638 \times 10^{3} = 2\,638$

    b.   7 cm   = _______________ m   _______________

    c.   39 mm   = _______________ m   _______________

    d.   0,08 m   = _______________ mm   _______________

    e.   0,005 m   = _______________ cm   _______________

4. La hauteur de Yi Ting est de 1,49 m. Exprimez cette mesure en millimètres. Expliquez votre pensée. Inclure un équation avec un exposant dans votre explication.

5. La longueur d'une coccinelle mesure 2 cm. Exprimez cette mesure en mètres. Expliquez votre pensée. Incluez une équation avec un exposant dans votre explication.

6. La longueur d'un pense-bête mesure 77 millimètres. Exprimez cette longueur en mètres. Expliquez votre pensée. Incluez une équation avec un exposant dans votre explication.

EUREKA MATH

1. Exprimez en chiffres décimaux.

   a. Huit et trois cent cinquante-deux millièmes

   8.352

   > Le mot et séparait les nombres entiers des nombres décimaux.

   b. $\frac{6}{100}$

   0.06

   c. $5\frac{132}{1000}$

   > Je peux réécrire cette fraction sous forme décimale. Il y a des unités à zéro un et zéro dixièmes dans la fraction 6 *centièmes* .

   5,132

2. Exprimez avec des mots.

   a. 0,034

   Trente-quatre millièmes

   > Le mot et sépare les nombres entiers des nombres décimaux.

   b. 73,29

   Soixante-treize et vingt-neuf centièmes

3. Écrivez le nombre sous forme développée en utilisant des décimales et des fractions.

   303.084

   3 × 100 + 3 × 1 + 8 × 0.01 + 4 × 0.001

   3 × 100 + 3 × 1 + 8 × $\frac{1}{100}$ + 4 × $\frac{1}{1000}$

   > Cette forme développée utilise des décimales. 8 centièmes équivaut à 8 unités de 1 centième (8 × 0,01).

   > Cette forme développée utilise des fractions. $\frac{1}{1000}$ = 0.001 Les deux sont lus comme des millièmes.

4. E crire une décimale pour chacun des éléments suivants.

a. $4 \times 100 + 5 \times 1 + 2 \times \frac{1}{10} + 8 \times \frac{1}{1000}$

    405.208

b. $9 \times 1 + 9 \times 0.1 + 3 \times 0.01 + 6 \times 0.001$

    9.936

Il y a 0 dizaines et 0 centièmes sous forme développée, j'ai donc également écrit 0 dizaines et 0 centièmes sous modèle standard.

$3 \times 0,01$ est 3 unités de 1 centième, que je peux écrire en 3 à la place des centièmes.

Leçon 5 :   Nommez les fractions décimales sous forme développée, unité et mot en appliquant un raisonnement de valeur de position.

EUREKA MATH

Nom _______________________________________   Date _______________________

1. Exprimez en chiffres décimaux. Le premier a été fait pour toi.

a.	Cinq millièmes	0,005
b.	Trente-cinq millièmes	
c.	Neuf et deux cent trente-cinq millièmes	
d.	Huit cent cinq millièmes	
e.	$\dfrac{8}{1000}$	
f.	$\dfrac{28}{1000}$	
g.	$7\dfrac{528}{1000}$	
h.	$300\dfrac{502}{1000}$	

2. Exprimez chacune des valeurs suivantes en mots.

  a. 0,008

  b. 15,062

  c. 607,409

3. Écrivez le nombre sur un tableau de valeur de position. Ensuite, écrivez-le sous forme développée
    en utilisant des fractions ou des décimales pour e exprimer les unités de valeur de position de la décimale.
    Le premier a été fait pour toi.

  a. 27,346

Des dizaines	des unités		des dixièmes	des centièmes	des millièmes
2	7	●	3	4	6

$27.346 = 2 \times 10 + 7 \times 1 + 3 \times \left(\dfrac{1}{10}\right) + 4 \times \left(\dfrac{1}{100}\right) + 6 \times \left(\dfrac{1}{1000}\right)$ *or*

$27.346 = 2 \times 10 + 7 \times 1 + 3 \times 0.1 + 4 \times 0.01 + 6 \times 0.001$

b. 0,362

c. 49,564

4. Écrivez une décimale pour chacun des éléments suivants. Utilisez un tableau de valeurs de position pour vous aider, si nécessaire.

a. $3 \times 10 + 5 \times 1 + 2 \times \left(\frac{1}{10}\right) + 7 \times \left(\frac{1}{100}\right) + 6 \times \left(\frac{1}{1000}\right)$

b. $9 \times 100 + 2 \times 10 + 3 \times 0{,}1 + 7 \times 0{,}001$

c. $5 \times 1000 + 4 \times 100 + 8 \times 1 + 6 \times \left(\frac{1}{100}\right) + 5 \times \left(\frac{1}{1000}\right)$

5. Au début d'une leçon, un morceau de craie mesure 4,875 pouces de long. A la fin de la leçon, il est 3,125 pouces de longueur. Écrivez les deux montants sous forme développée en utilisant des fractions.

a. Au début de la leçon :

b. À la fin de la leçon :

6. Mme Herman a demandé à la classe d'écrire un formulaire étendu pour F 412,638. Nancy a écrit e la forme développée en utilisant des fractions, et Charles a écrit la forme développé F en décimales. Écrivez leurs réponses.

Leçon 5 :   Nommez les fractions décimales sous forme développée, unité et mot en appliquant un raisonnement de valeur de position.

EUREKA MATH

Milliers	Centièmes	Dizaines	Unités	Dixièmes	Centièmes	Millièmes

des milliers à travers le tableau de valeurs de position millièmes

1. Affichez les chiffres sur le tableau des valeurs de position à l'aide de chiffres. Utiliser $>$, $<$, ou $=$ pour comparer.

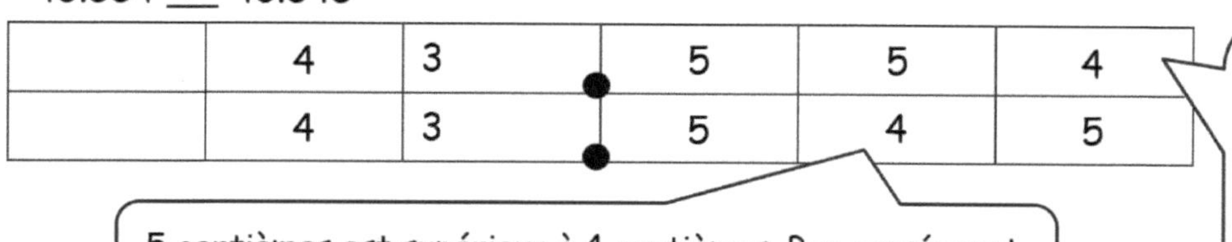

43.554 $>$ 43.545

	4	3	•	5	5	4
	4	3	•	5	4	5

2. Utilisez le $>$, $<$, ou $=$ pour comparer les éléments suivants.

   a. 7.4 $=$ 74 Dizaines

   b. 2.7 $>$ vingt-sept centaines

   c. 3.12 $<$ 312 Dizaines

   d. 1.17 $>$ 1.165

3. Organisez les chiffres *dans l'ordre* croissant.

   8.719   8.79   8.7   8.179

   8.179,   8.7,   8.719,   8.79

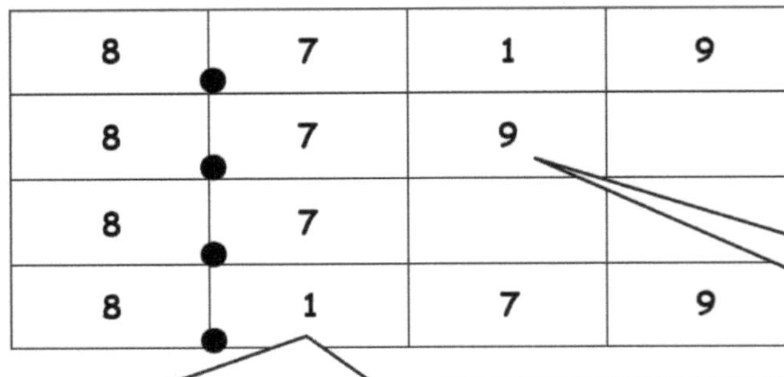

Un ordre croissant signifie que je dois répertorier les numéros du *moins* à au *plus grand*.

Pour faciliter la comparaison, je vais utiliser un tableau de valeurs de position.

8	7	1	9
8	7	9	
8	7		
8	1	7	9

Les 9 centièmes sont supérieurs à tous les autres chiffres à la place des centièmes. 8,79 est le plus grand nombre.

Tous les numéros en ont 8 unités. 1 dixième est inférieur à 7 dixièmes, donc 8.179 est le plus petit nombre.

Un ordre décroissant signifie que je dois lister les nombres du plus grand au moins.

4. Classe les nombres par ordre décroissant.

   56.128   56.12   56.19   56.182

   56.19,   56.182,   56.128,   56.12

Cette fois, je vais juste visualiser le tableau de la valeur de position dans ma tête.

Je commencerai d'abors par comparer les plus grandes unités, des dizaines, ' Tous les nombres ont 5 dizaines, 6 unités et 1 dixième. Je vais regarder à la place des centièmes à côté pour comparer.

Même si ce nombre n'a que 4 chiffres, c'est en fait le plus grand nombre. Le 9 à la place des centièmes est le plus grand de tous les chiffres aux centièmes.

Lorsque je compare 56,12 et 56,128 aux autres nombres, je constate qu'ils ont tous les deux le moins de centièmes. Cependant, je sais que 56.128 est plus grand car il a 8 millièmes de plus que 56.12.

Leçon 6 :   Comparez les fractions décimales aux millièmes en utilisant des unités similaires, et exprimez des comparaisons avec > , < , =.

Copyright © Great Minds PBC

EUREKA MATH

Nom _________________________________   Date _________________________

1. Utiliser > , < , ou = pour comparer les éléments suivants.

a. 16,45	◯	16,454
b. 0,83	◯	$\frac{83}{100}$
c. $\frac{205}{1000}$	◯	0,205
d. 95,045	◯	95,545
e. 419,10	◯	419,099
f. Cinq unités et huit dixièmes	◯	Cinquante-huit dixièmes
g. Trente-six et neuf millièmes	◯	Quatre dizaines
h. Cent quatre et douze centièmes	◯	Cent quatre et deux millièmes
i. Cent cinquante-huit millièmes	◯	0,58
j. 703,005	◯	Sept cent trois et cinq centièmes

2. Organisez les nombres dans l'ordre croissant.

a. 8,08   8,081   8,09   8,008

____

b. 14,204   14,200   14,240   14,210

____

EUREKA MATH®

Leçon 6 :   Comparez les fractions décimales aux millièmes en utilisant des unités similaires, et exprimez des comparaisons avec > , < , =.

3. Classez les nombres par ordre décroissant.

    a. 8,508   8,58   7,5   7,058

    ____

    b. 439,216   439,126   439,612   439,261

    ____

4. J ames a mesuré sa main. Elle faisait 0,17 mètre. Jennifer a mesuré sa main. Elle faisait 0,17 mètre. Qui a la plus grande main ? Comment le savez-vous ?

5. Dans un concours d'avion en papier, " l'avion de Marcel parcourt 3,345 mètres. r. L'avion de Salvador " parcourt v 3,35 mètres. L'avion de Jennifer " parcourt 3,3 mètres. Sur la base des mesures, quel avion a parcouru la distance la plus longue ? Quel avion r a parcouru la distance la plus courte ? Expliquez votre raisonnement à l'aide d'un tableau de valeurs de position.

     Leçon 6 :   Comparez les fractions décimales aux millièmes en utilisant des unités
                                 similaires, et exprimez des comparaisons avec > , < , =.

EUREKA MATH

Arrondissez à la valeur de position donnée. Étiquetez les lignes numériques pour montrer votre travail. Entourez le nombre arrondi. Utiliser un tableau de valeur de position pour montrer vos décompositions pour chacun.

1. 3,27

une. Ceux

4 ——— 4 unités

3.5 ——— 3 unités 5 dixièmes

✗ 3.27

3 ——— 3 unités

b. dixièmes

3.3 ——— 33 dixièmes

✗ 3.27

3.25 ——— 32 dixièmes 5 centièmes

3.2 ——— 32 dixièmes

unités	dixièmes	centièmes
3	2	7
	32	7
		327

Leçon 7 :   Arrondissez une décimale donnée à n'importe quel endroit en utilisant la compréhension de la valeur de position et la ligne numérique.

2. Le podomètre de Rosie a dit qu'elle marchait 1,46 miles. Elle a arrondi sa distance à 1 mile et son frère, Isaac, arrondit sa distance à 1,5 miles. Ils ont tous les deux raison. Pourquoi ?

Rosie a arrondi la distance au mile le plus proche , et Isaac arrondit la distance au dixième de mile le plus proche.

1. 46 arrondi au plus proche est 1.

1. 46 arrondi au plus proche dixième est 15 dixièmes ou 1 ,5.

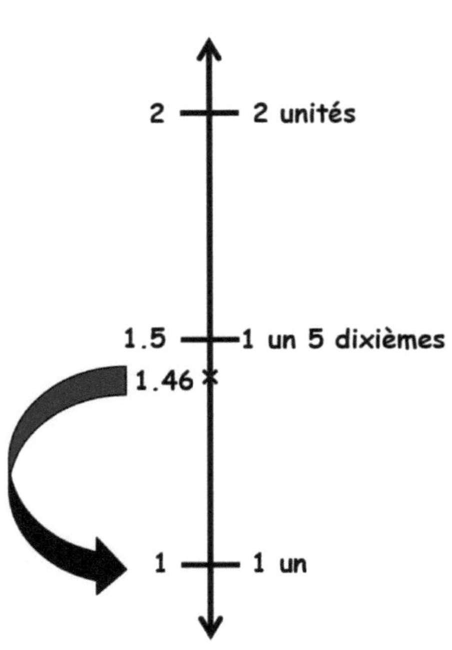

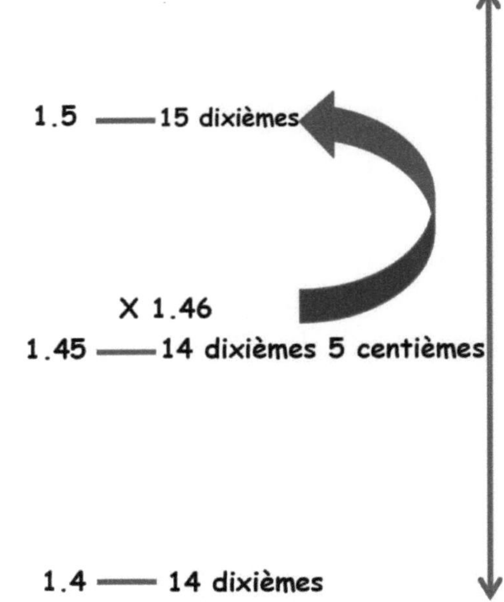

Leçon 7 :   Arrondissez une décimale donnée à n'importe quel endroit en utilisant la compréhension de la valeur de position et la ligne numérique.

EUREKA MATH

Nom _______________________________________ Date _____________________

Remplissez le tableau, puis arrondissez à l'endroit indiqué. Étiquetez les lignes numériques pour montrer votre travail. Encerclez le nombre arrondi.

1. 4,3

  a. Centièmes   b. Dixièmes   c. Uns

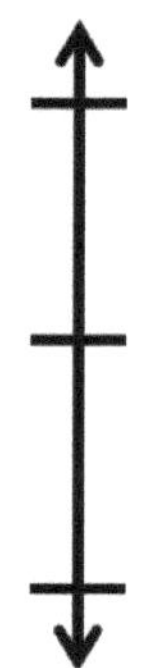 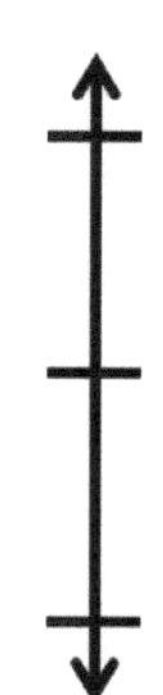 

Dizaines	Unités	Dixièmes	Centièmes	Millièmes

2. 225,286

  a. Centièmes   b. Uns   c. Dizaines

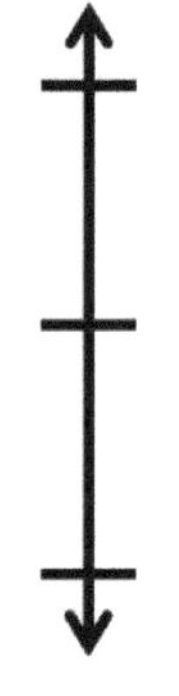  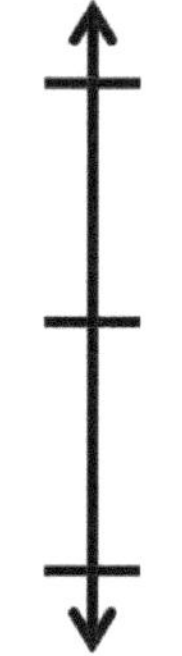

Dizaines	Unités	Dixièmes	Centièmes	Millièmes

Leçon 7 : Arrondissez une décimale donnée à n'importe quel endroit en utilisant la compréhension de la valeur de position et la ligne numérique.

3. 8,984

Dizaines	Unités	Dixièmest	Centièmes	Millièmes

a. Centièmes   b. T enths   c. Uns   d. Dizaines

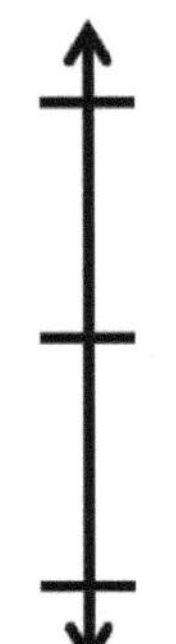 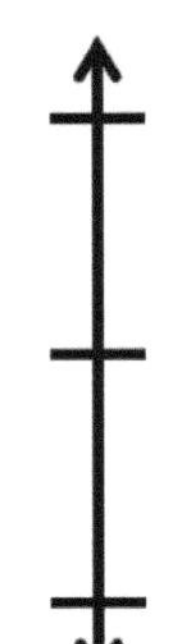 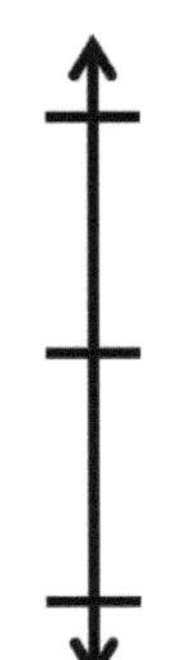 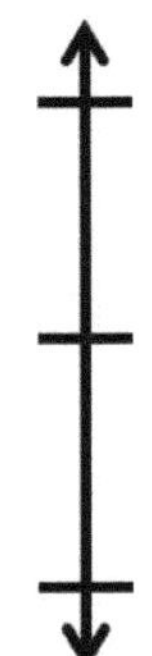

4. Sur un diamant de la Ligue majeure de baseball, la distance entre le monticule du lanceur et le marbre est de 18,386 mètres.

   a. Arrondissez ce nombre au plus proche centième de mètreter. Utilisez une ligne numérique pour montrer votre travail.

   b. Combien de centimètres est-il du monticule du lanceur au marbre ?

5. Jules lit que 1 pinte équivaut à 0,473 litre. v. Il demande à son t enseignant n combien de litres r il y a dans une pinte. Son enseignant répond equ'ily a environ 0,47 litre dans une pinte. Il demande à ses parents et ils disent qu'il y a environ 0,5 litre dans une pinte. Jules dit qu'ils ont tous les deux raison r. Comment cela peut-il être vrai ? Expliquez votre réponse.

Leçon 7 :   Arrondissez une décimale donnée à n'importe quel endroit en utilisant la compréhension de la valeur de position et la ligne numérique.

EUREKA MATH

1. Arrondissez la quantité v à la valeur de position donnée. Tracez des lignes numériques pour expliquer votre raisonnement. Encerclez la valeur arrondie sur la ligne numérique.

Arrondissez 23,245 au dixième et au centième près.

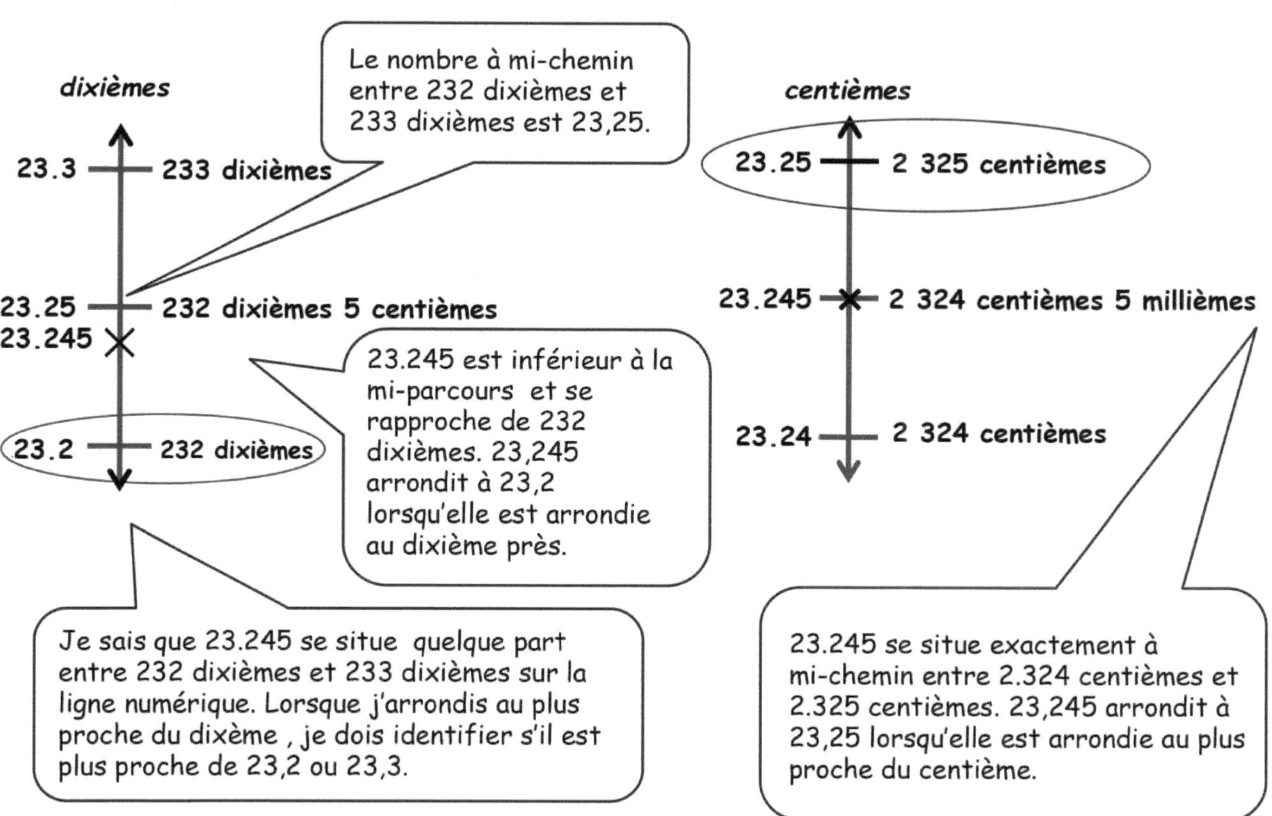

2. Un nombre décimal comporte deux chiffres à droite de son point décimal. Si nous l'arrondissons au plus proche dixième, le résultat est 28,7. w e 28,7 . Quelle est la valeur maximale possible de cette décimale ? s Utilisez des mots et la ligne numérique e pour expliquer votre raisonnement.

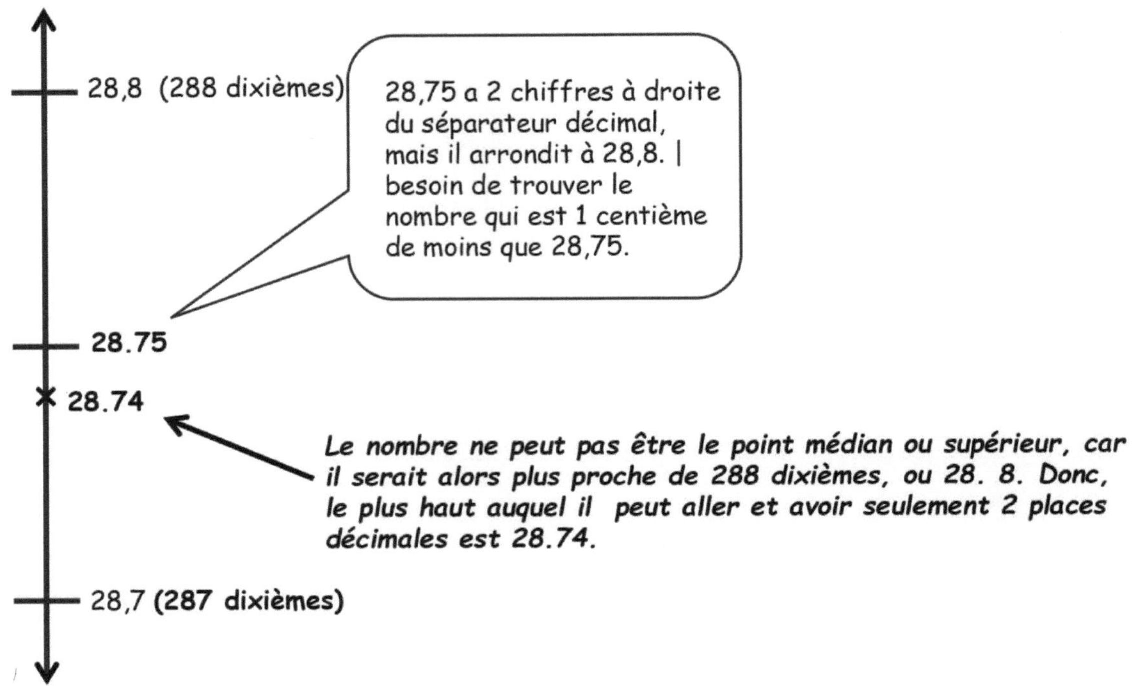

Leçon 8 :   Arrondissez une décimale donnée à n'importe quel endroit en utilisant la compréhension de la valeur de position et la ligne numérique.

EUREKA MATH

Nom ____ Date ___________________

1. Écrivez la décomposition qui vous aide, puis arrondissez à la valeur de position donnée. y t Tracez des lignes de nombres pour expliquer votre raisonnement. Encerclez la valeur arrondie sur chaque ligne numérique.

   a. 43,586 au plus proche t dixième, centième et un.

   b. 243,875 au dixième, centième, dix et cent le plus proche.

2. Un voyage de New York à Seattle est de 2852,1 miles. Une famille k veut faire le trajet en 10 jours, en parcourant le même nombre de kilomètres chaque jour. Environ combien de kilomètres parcourront-ils e chaque jour ? Arrondissez votre réponse au plus proche t dixième de mile.

3. Un nombre décimal comporte deux chiffres à droite de son point décimal. t Si nous l'arrondissons au plus proche dixième, le résultat est 18,6

    a. Quelle est la valeur maximale possible de ce nombre ? Utilisez des mots et la ligne numérique pour expliquer votre raisonnement. Incluez le milieu sur votre ligne numérique.

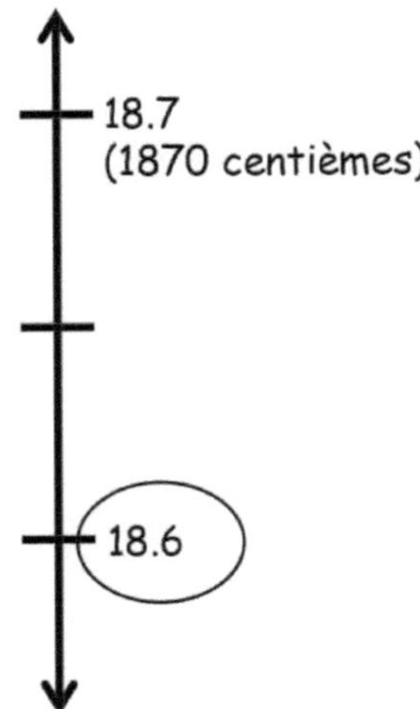

    b. Quelle est la valeur minimale possible de cette décimale ? Utilisez des mots, images r ou nombres t pour expliquer votre raisonnement.

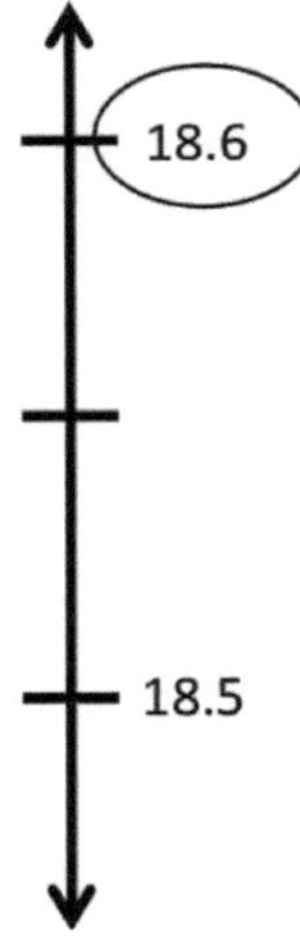

   Leçon 8 :   Arrondissez une décimale donnée à n'importe quel endroit en utilisant la compréhension de la valeur de position et la ligne numérique.

EUREKA
MATH

Remarque : l'ajout de décimales est juste comme l'ajout des nombres entiers - combinez les mêmes unités. Étudiez les exemples ci-dessous :

2 pommes + 3 pommes = 5 pommes

2 uns + 3 uns = 5 uns

2 dizaines + 3 dizaines = 5 dizaines = 50

2 centièmes + 3 centièmes = 5 centièmes = 0,05

1. Résoudre.

a. 2 dixièmes + 3 dixièmes = __5__ dixièmes

b. 26 centièmes + 5 centièmes = __31__ centièmes = __3__ dixièmes __1__ centièmes

c. 5 unités 2 dixièmes + 4 dixièmes = __56__ dixièmes

Leçon 9 :   Ajoutez des décimales à l'aide de stratégies de valeur de position et associez ces stratégies à une méthode écrite.

2. Résolvez en utilisant l'algorithme standard.

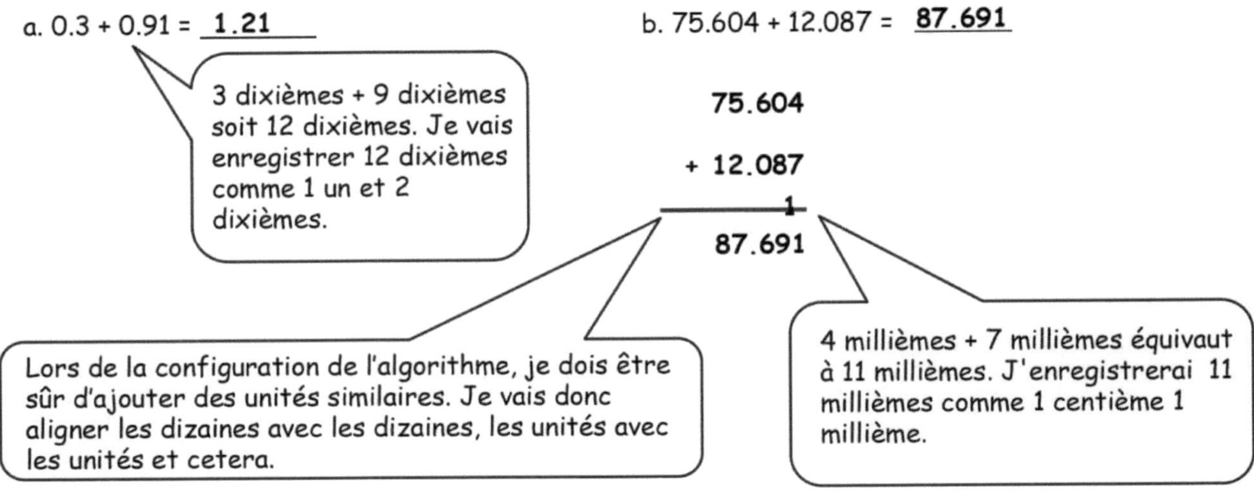

3. Anthony dépense 6,49 $ sur un livre. Il achète également un crayon pour 2,87 $ et une gomme pour 1,15 $. Combien d'argent dépense-t-il au total ?

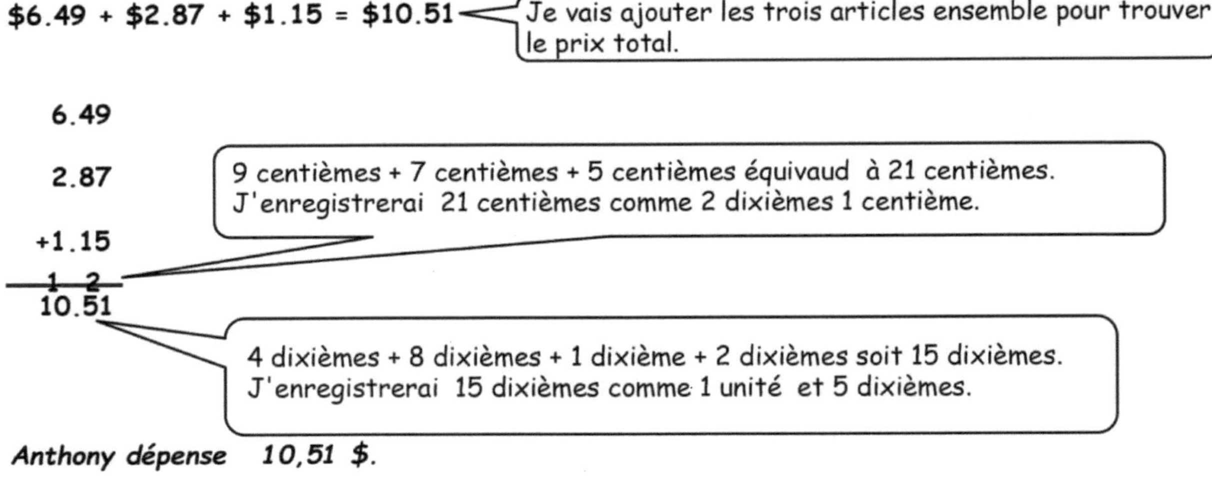

Leçon 9 :   Ajoutez des décimales à l'aide de stratégies de valeur de position et associez ces stratégies à une méthode écrite.

EUREKA MATH

Nom _______________________________________   Date ___________________

1. Résoudre.

    a.   3 dixièmes + 4 dixièmes = _____________ dixièmes

    b.   12 dixièmes + 9 dixièmes = _____________ dixièmes = _____________ un (s) _____________ dixième (s)

    c.   3 centièmes + 4 centièmes = _____________ centièmes

    d.   27 centièmes + 7 centièmes =______ centièmes = ______ dixièmes ______ centièmes

    e.   4 millièmes + 3 millièmes = _____________ millièmes

    f.   39 millièmes + 5 millièmes = ______ millièmes = ______ centièmes ______ millièmes

    g.   5 dixièmes + 7 millièmes = _____________ millièmes

    h.   4 unités 4 dixièmes + 4 dixièmes = _____________ dixièmes

    i.   8 millièmes + 6 unités 8 millièmes = _____________ millièmes

2. Résolvez en utilisant l'algorithme standard.

a. 0,4 + 0,7 = _____________	b. 2,04 + 0,07 = _____________
c. 6,4 + 3,7 = _____________	d. 56,04 + 3,07 = _____________

<table>
<tr><td>e. 72,564 + 5,137 = _____________</td><td>f. 75,604 + 22,296 = _____________</td></tr>
</table>

3. Passerelle sur l'Hudson, un pont qui traverse la rivière Hudson à Poughkeepsie, mesure 2,063 kilomètres de longueur. Le pont d'Anping, qui a été construit en Chine il y a 850 ans, mesure 2,07 kilomètres de longueur.

    a. Quelle est la portée totale des deux ponts ? Montrez votre raisonnement.

    b. Leah aime promener son chien sur la Passerelle sur L'Hudson. Si elle marche et retour, jusqu'où elle et son chien marcheront-ils ?

4. Pour l'anniversaire de ses parents, Danny dépense 5,87 $ pour une photo. Il achète également un ballon pour 2,49 $ et une boîte de fraises pour 4,50 $. Combien d'argent dépense-t-il au total ?

       Leçon 9 :   Ajoutez des décimales à l'aide de stratégies de valeur de position et associez ces stratégies à une méthode écrite.

EUREKA MATH

Remarque : La soustraction de décimales est similaire à la soustraction de nombres entiers - soustraire comme des unités. Étudiez les exemples au dessous de.

5 pommes - 1 Pomme = 4 pommes
5 unes - 1 une = 4 unes
5 dizaines - 1 dizaine = 4 dizaines
5 centièmes - 1 centième = 4 centièmes

1. Soustraire.

   a. 7 dixièmes - 4 dixièmes = **3** dixièmes

   > Je vais soustraire les unités similaires, des dixièmes, pour obtenir 3 dixièmes.

   > Le modèle standard est de 0,7 à 0,4 = 0,3.

   > J'examinerai attentivement les unités. UNE centaine est différent d'un centième.

   > Je soustrais 3 centièmes de 8 centièmes et j'obtiens 5 centièmes.

   b. 4 centaines 8 centièmes —3 centièmes = **4** centaines **5** centièmes

   > Le formulaire standard est 400,08 - 0,03 = 400,05.

2. Résous 1,7 - 0,09 en utilisant l'algorithme standard.

   > 1,7 équivaut à 1,70.

   > Lors de la configuration de l'algorithme, je dois être sûr de soustraire des unités similaires. Par conséquent, je vais aligner les unités avec les unités, les dixièmes avec les dixièmes, etc.

   > Il y a 0 centièmes, donc je ne peux pas soustraire 9 centièmes. Je renommerai 7 dixièmes en 6 dixièmes de 10 centièmes.

   > 10 centièmes moins 9 centièmes est égal à 1 centième.

   ```
             6  10
      1.  7̸  0̸
    -  0.  0   9
    ___________
      1.  6   1
   ```

6 unités 3 dixièmes = 6.3 = 6.30
58 centièmes = 0.58

3. Résolvez 6 uns 3 dixièmes —58 centièmes.

Il y a 0 centièmes, donc je ne peux pas soustraire 8 centièmes. Je renommerai 3 dixièmes en 2 dixièmes de centièmes.

Je renommerai 6 unités en 5 unités 10 dixièmes. 10 dixièmes, plus les 2 dixièmes déjà là, font 12 dixièmes.

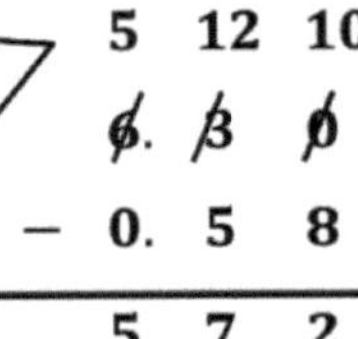

10 centièmes moins 8 centièmes est égal à 2 centièmes.

$$
\begin{array}{r}
5 \quad 12 \quad 10 \\
\cancel{6}. \; \cancel{3} \; \cancel{0} \\
- \quad 0. \; 5 \; 8 \\
\hline
5. \; 7 \; 2
\end{array}
$$

Les élèves peuvent résoudre en utilisant diverses méthodes. Ce problème peut ne pas nécessiter l'algorithme standard car certains élèves peuvent calculer mentalement.

4. Un stylo coûte 2,57 $. Ça coute 0,49 $ plus qu'une règle. Kayla a acheté deux stylos et une règle. Elle a payé avec un billet de dix dollars. Combien de monnaie Kayla obtient-elle ? Utilisez une bande diagramme pour montrer votre raisonnement.

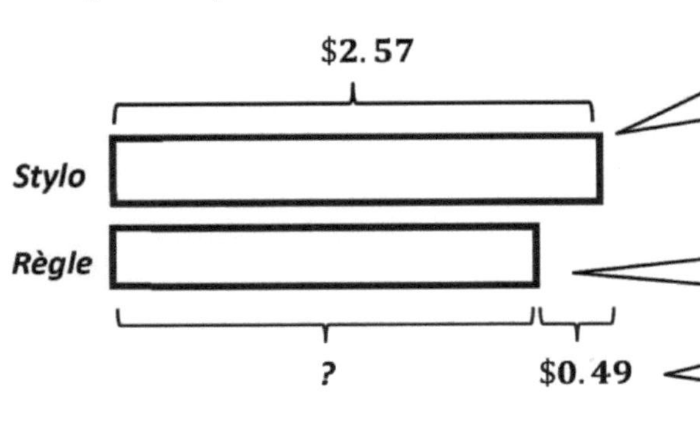

Je vais dessiner une bande à diagramme pour représenter le stylo et l'étiqueter 2,57 $.

Puisque le stylo coûte plus cher que la règle, je vais dessiner un ruban plus court pour la règle.

La différence entre le stylo et la règle est de 0,49 $.

Je trouverai le prix de la règle. C'est 2,08 $.

$$
\begin{array}{r}
4 \quad 17 \\
\$2. \; \cancel{5} \; \cancel{7} \\
- \quad \$0. \; 4 \; 9 \\
\hline
\$2. \; 0 \; 8
\end{array}
$$

$\$2.57 + \$2.57 + \$2.08 = \$7.22$

J'ajouterai le prix de deux stylos et d'une règle ensemble. C'est 7,22 $.

$$
\begin{array}{r}
\$2. \; 5 \; 7 \\
\$2. \; 5 \; 7 \\
+ \quad \$2. \; 0 \; 8 \\
\hline
\$7. \; 2 \; 2
\end{array}
$$

$$
\begin{array}{r}
0 \quad 9 \quad 9 \quad 10 \\
\$\cancel{1} \; \cancel{0}. \; \cancel{0} \; \cancel{0} \\
- \quad \$7. \; 2 \; 2 \\
\hline
\$2. \; 7 \; 8
\end{array}
$$

Le changement de Kayla est de 2,78 $.

Je soustrairai le coût total de 10 $. Le changement de Kayla sera de 2,78 $.

Leçon 10 :   Soustrayez les décimales à l'aide de stratégies de valeur de position et reliez ces stratégies à une méthode écrite.

EUREKA MATH

Remarque : encouragez votre enfant à utiliser une variété de stratégies lors de la résolution. L'algorithme standard n'est pas toujours nécessaire pour certains élèves. Demandez-leur quelles sont les différentes façons de résoudre le problème. Vous trouverez ci-dessous quelques stratégies de solution alternatives qui pourraient être appliquées.

$$\$2.57 + \$2.57 + \$2.08 = \$7.22$$

En trouvant le coût total des 3 articles, je peux penser à ajouter 2,50 $ + 2,50 $ + 2 $, ce qui équivaut à 7 $. Ensuite, j'ajouterai les 7¢ + 7 ¢ + 8 ¢ restants, soit 22 ¢. Le total est alors de 7 $ + 0,22 $ = 7,22 $. Je peux faire tout ça mentalement!

Ensuite, lorsque je trouve la quantité de changements que Kayla obtient, je peux utiliser une autre stratégie pour résoudre.

Au lieu de trouver la différence de 10 $ et 7,22 $ en utilisant l'algorithme de soustraction, je peux compter à partir de 7,22 $.

$$\$7.22 \xrightarrow{+\,3¢} \$7.25 \xrightarrow{+\,75¢} \$8.00 \xrightarrow{+\,\$2} \$10.00$$

3¢ de plus fait 7,25 $.

3 quarts , ou 75 cents, plus fait 8 $.

2 $ de plus font 10 $.

2 dollars, 3 quarts et 3 centimes est de 2,78 $. C'est ce que Kayla récupère.

Kayla récupère 2,78 $ en monnaie.

Leçon 10 : Soustrayez les décimales à l'aide de stratégies de valeur de position et reliez ces stratégies à une méthode écrite.

45

Nom ____   Date ____________________

1. Soustraire. Vous pouvez utiliser un tableau de valeurs de position.

   a. 9 dixièmes - 3 dixièmes = ____________ dixièmes

   b. 9 unités 2 millièmes - 3 unités = ____________ ceux ____________ millièmes

   c. 4 centaines 6 centièmes - 3 centièmes = ____________ des centaines ____________ centièmes

   d. 56 millièmes - 23 millièmes = ____________ millièmes = ____________ centièmes ____________ millièmes

2. Résolvez en utilisant l'algorithme standard.

a. 1,8 - 0,9 = __________	b. 41,84 - 0,9 = __________	c. 341,84 - 21,92 = __________
d. 5,182 - 0,09 = __________	e. 50,416 - 4,25 = __________	f. 741 - 3,91 = __________

3. Résoudre.

a. 30 dizaines - 3 dizaines 3 dixièmes	b. 5-16 dixièmes	c. 24 dixièmes - 1 un 3 dixièmes
d. 6 unités 7 centièmes - 2,3	e. 8,246 - 5 centièmes	f. 5 unités 3 dixièmes - 0,53

4. M. House a écrit *8 dixièmes moins 5 centièmes* sur le tableau. Maggie a dit que la réponse est 3 centièmes car 8 moins 5 est 3. A-t-elle raison ? Expliquez.

5. Un presse-papiers coûte 2,23 $. Il coûte 0,58 $ de plus qu'un ordinateur portable. Lisa a acheté deux planchettes à pince et un cahier. Elle a payé avec un billet de dix dollars. Combien de changements Lisa obtient-elle ? Utilisez un diagramme à bande pour montrer votre raisonnement.

EUREKA MATH

Centaines	Dizaines	Unités	•	Dixièmes	Centièmes	Millièmes

tableau des valeurs de position en centaines à millièmes (de la leçon 7)

1. Résolvez en dessinant des disques sur un graphique de valeur de position. Écrivez une équation et exprimez le produit sous une forme standard.

a. 2 exemplaires de 4 dixièmes

$$= 2 \times 0.4$$
$$= 0.8$$

2 copies signifie 2 groupes. Je vais donc multiplier 2 fois 4 dixièmes. La réponse est 8 dixièmes, soit 0,8.

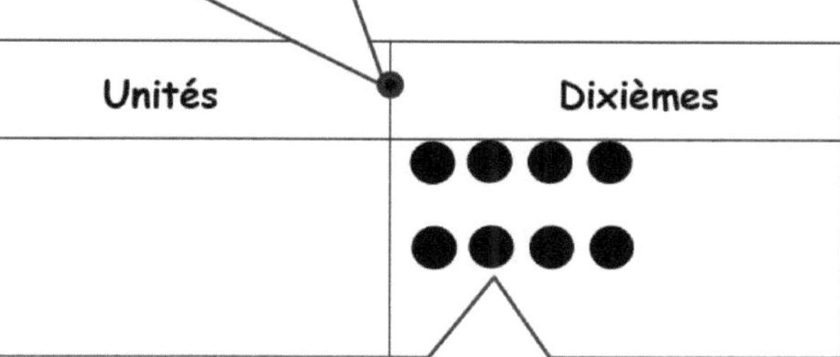

b. 3 fois plus que 6 centièmes

$$= 3 \times 0.06$$
$$= 0.18$$

Je multiplierai 3 fois 6 centièmes. La réponse est 18 centièmes, soit 0,18.

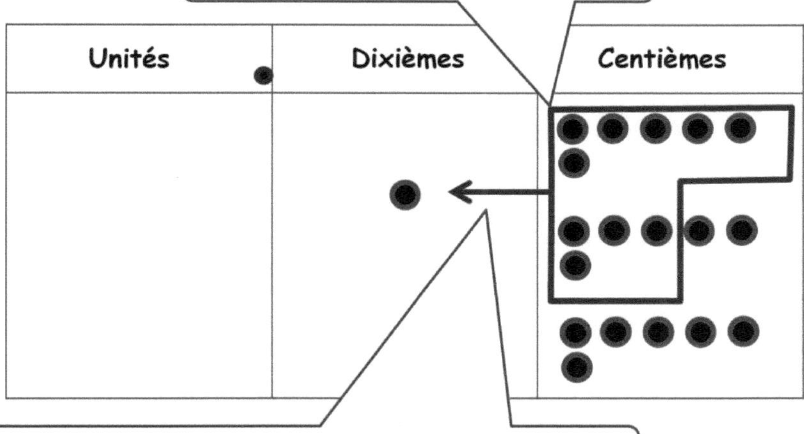

EUREKA MATH

2. Dessiner un modèle de zone et trouver la somme des produits partiels pour évaluer chaque expression.

a. 2 × 3,17

	3 unités	+1 dixième	+ 7 centièmes
2	2 × 3 unités	2 × 1 dixième	2 × 7 centièmes

      6   +   0.2   +   0.14   =   6.34

b. 4 fois plus que 30,162

	3 dizaines	+1 dixième	+ 6 centièmes	+ 2 centièmes
4	4 X 3 dizaines	4 × 1 dixième	4 × 6 centièmes	4 × 2 millièmes

    120   +   0.4   +   0.24   +   0.008   =   120.648

Leçon 11 :   Multipliez une fraction décimale par des nombres entiers à un chiffre, reliez-vous à une méthode écrite en appliquant le modèle de zone et la compréhension de la valeur de position, et expliquez le raisonnement utilisé.

Nom _______________________________________   Date _______________________

1. Résolvez en dessinant des disques sur un graphique de valeur de position. Écrivez une équation et exprimez le produit sous une forme standard.

   a. 2 exemplaires de 4 dixièmes

   b. 4 groupes de 5 centièmes

   c. 4 fois 7 dixièmes

   d. 3 fois 5 centièmes

   e. 9 fois plus que 7 dixièmes

   f. 6 millièmes fois 8

2. Dessinez un modèle similaire à celui illustré ci-dessous. Trouvez la somme des produits partiels pour évaluer chaque expression.

   a. $4 \times 6{,}79$

	6 unités +	7 dixièmes +	9 centièmes
4	4 × 6 unités	4 × 7 dixièmes	4 × 9 centièmes

   ___________ + ___________ + ___________ = ___________

EUREKA MATH

Leçon 11 : Multipliez une fraction décimale par des nombres entiers à un chiffre, reliez-vous à une méthode écrite en appliquant le modèle de zone et la compréhension de la valeur de position, et expliquez le raisonnement utilisé.

b. $6 \times 7{,}49$

c. 9 exemplaires de 3,65

d. 3 fois 20,175

3. Leanne multiplié $8 \times 4{,}3$ et a obtenu 32,24. Leanne a-t-elle raison ? Utilisez un modèle de zone pour expliquer votre réponse.

4. Anna achete des produits d'épicerie pour sa famille. La viande de hamburger coûte 3,38 $ la livre, les patates douces coûtent 0,79 $ chacune et les rouleaux de hamburger coûtent 2,30 $ le sac. Si Anna achète 3 livres de viande, 5 patates douces et 1 sac de rouleaux de hamburger, que paiera-t-elle en tout pour l'épicerie ?

Leçon 11 : Multipliez une fraction décimale par des nombres entiers à un chiffre, reliez-vous à une méthode écrite en appliquant le modèle de zone et la compréhension de la valeur de position, et expliquez le raisonnement utilisé.

EUREKA MATH

1. Choisissez le produit raisonnable pour chaque expression. Expliquez votre pensée dans les espaces ci-dessous en utilisant des mots, des images ou des chiffres.

a. 3.1 × 3　　　　　　　930　　　93　　　(9.3)　　　0.93

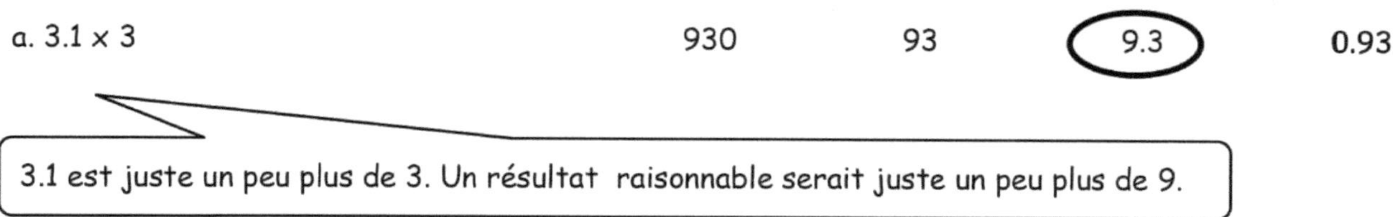

3 × 3 = 9. J'ai cherché un résultat qui était proche de 9.

b. 8 × 7.036　　　　　5.6288　　(56.288)　　562.88　　5,628.8

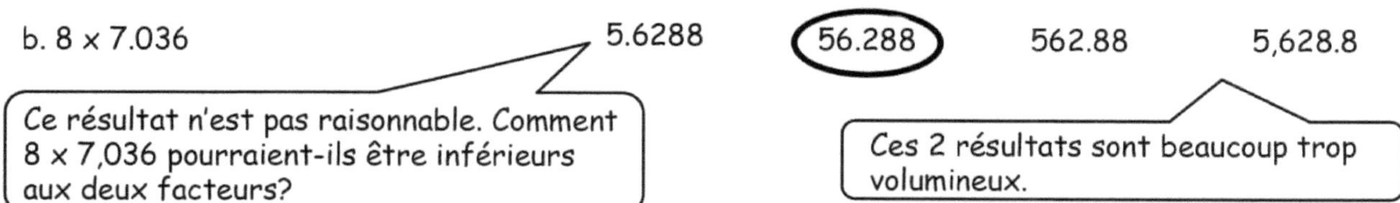

8 × 7 = 56. J'ai cherché un résultat qui était proche de 56.

2. Lenox pèse 9,2 kg. Son frère aîné est 3 fois plus lourd que Lenox. 3 Combien son frère aîné pèse-t-il en kilogrammes ?

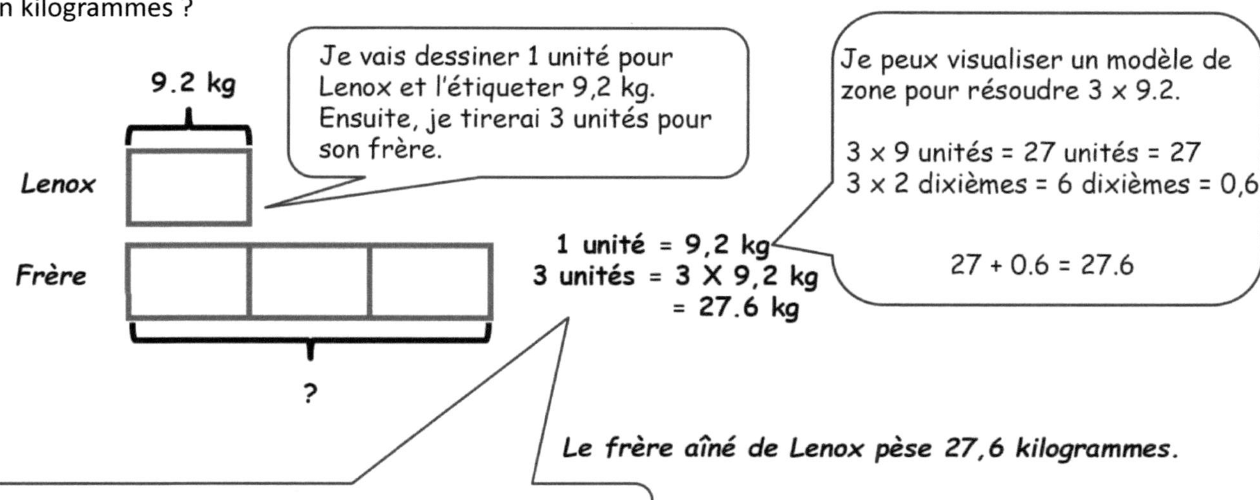

Nom _______________________________________   Date _______________________

1. Choisissez le produit raisonnable pour chaque expression. Expliquez votre pensée dans les espaces ci-dessous en utilisant des mots, des images ou des chiffres.

   a. $2,1 \times 3$ 0,63   6,3   63   630

   ____

   b. $4,27 \times 6$ 2562   256,2   25,62   2,562

   ____

   c. $7 \times 6,053$ 4 237,1   423,71   42,371   4,237 1

   ____

   d. $9 \times 4,82$ 4,338   43,38   433,8   4338

2. Yi Ting pèse 8,3 kg. Son frère aîné est 4 fois plus lourd que Yi Ting. Combien son frère aîné pèse-t-il en kilogrammes ?

3. Tim peint son hangar de stockage. Il achète 4 gallons de peinture blanche et 3 gallons de peinture bleue. Chaque gallon de peinture blanche coûte 15,72 $ et chaque gallon de peinture bleue coûte 21,87 $. Combien Tim dépensera-t-il en tout pour la peinture?

4. Le ruban est vendu à 3 mètres pour 6,33 $. Jackie a acheté 24 mètres de ruban pour un projet. Combien a-t-elle payé ?

Leçon 12 :   Multipliez une fraction décimale par des nombres entiers à un chiffre, y compris en utilisant une estimation pour confirmer le placement du point décimal.

EUREKA MATH

Remarque : L'utilisation de la langue de l'unité (par exemple, 21 centièmes plutôt que 0,21) permet aux élèves d'utiliser les connaissances des faits de base pour calculer facilement avec des décimales.

1. Complétez la phrase avec le nombre correct d'unités, puis complétez l'équation.

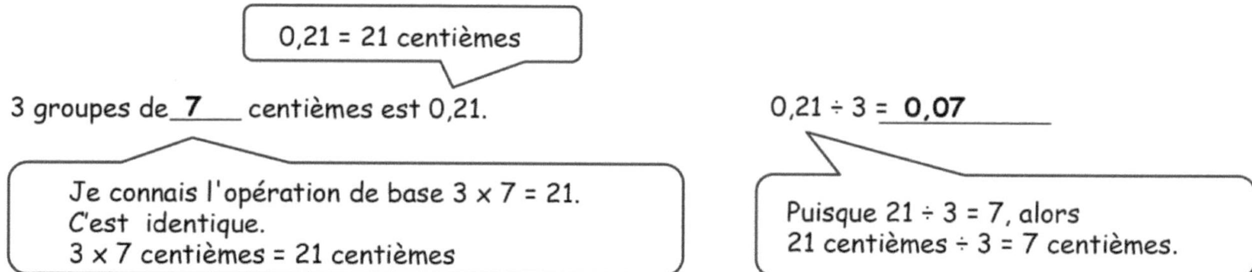

2. Complétez la phrase numérique. Exprimez le quotient en unités puis sous forme standard.

a. $8{,}16 \div 4 = $ __8__ ceux $\div 4 + $ __16__ centièmes $\div 4$

$= $ __2__ uns + __4__ centièmes

$= $ __2.04__

b. $1{,}242 \div 6 = $ __(12 dixièmes ÷ 6) + (42 millièmes ÷ 6)__

$= $ __2 dixièmes + 7 millièmes__

$= $ __0.207__

3. Trouvez les quotients. Ensuite, utilisez des mots, des nombres ou des images pour décrire les relations que vous remarquez entre la paire de problèmes et leurs quotients.

   a. $35 \div 5 =$ _______ **7** _______

   b. $3{,}5 \div 5 =$ _______ **0.7** _______

Les deux problèmes se divisent par 5, mais le quotient pour la partie (a) est 10 fois plus grand que le quotient pour (b). Cela a du sens parce que le nombre que nous avons commencé avec la partie (a) est également 10 fois plus grand que le nombre avec lequel nous avons commencé en partie (b).

4. Le quotient ci-dessous est-il raisonnable ? Expliquez votre réponse.

   a. $0{,}56 \div 7 = 8$

Non, le quotient n'est pas raisonnable.

56 ÷ 7 = 8, donc 56 centièmes ÷ 7 doivent être 8 centièmes.

5. Un avion jouet pèse 3,69 kg. Il pèse 3 fois autant qu'une petite voiture. Quel est le poids de la petite voiture ?

La petite voiture pèse 1,23 kg.

Leçon 13 :   Divisez les décimales par des nombres entiers à un chiffre impliquant des multiples facilement identifiables en utilisant la compréhension de la valeur de position et reliez-les à une méthode écrite.

Nom ____ Date _______________________

1. Complétez la phrase avec le nombre correct d'unités, puis complétez l'équation.

   a. 3 groupes de _______ dixièmes est de 1,5.

   $1,5 \div 3 =$ _____________

   b. 6 groupes de _______ centièmes est 0,24.

   $0,24 \div 6 =$ _____________

   c. 5 groupes de _______ les millièmes est de 0,045.

   $0,045 \div 5 =$ _____________

2. Complétez la phrase numérique. Exprimez le quotient en unités puis sous forme standard.

   a. $9.36 \div 3 =$ _____________ ones $\div 3 +$ _____________ hundredths $\div 3$

   $=$ _____________ ones $+$ _____________ hundredths

   $=$ _____________

   b. $36.012 \div 3 =$ _____________ ones $\div 3 +$ _____________ thousandths $\div 3$

   $=$ _____________ ones $+$ _____________ thousandths

   $=$ _____________

   c. $3.55 \div 5 =$ _____________ tenths $\div 5 +$ _____________ hundredths $\div 5$

   $=$ _________________________________

   $=$ _________________________________

   d. $3.545 \div 5 =$ ____

   $=$ ____

   $=$ ____

3. Trouvez les quotients. Ensuite, utilisez des mots, des nombres ou des images pour décrire les relations que vous remarquez entre chaque paire de problèmes et les quotients.

   a. $21 \div 7 =$ _______________ $2,1 \div 7 =$ _______________

   b. $48 \div 8 =$ _______________ $0,048 \div 8 =$ _______________

4. Les quotients ci-dessous sont-ils raisonnables ? Expliquez vos réponses.

   a. $0,54 \div 6 = 9$

   b. $5,4 \div 6 = 0,9$

   c. $54 \div 6 = 0,09$

Leçon 13 :   Divisez les décimales par des nombres entiers à un chiffre impliquant des multiples facilement identifiables en utilisant la compréhension de la valeur de position et reliez-les à une méthode écrite.

EUREKA MATH

5. Un avion jouet coûte 4,84 $. Il en coûte 4 fois plus qu'une voiture-jouet. Quel est le coût de la petite voiture ?

6. Julian a acheté 3,9 litres de jus de canneberge et Jay a acheté 8,74 litres de jus de pomme. Ils ont mélangé les deux jus ensemble, puis les ont versés également dans 2 bouteilles. Combien de litres de jus contient chaque bouteille ?

1. Dessinez des disques de valeur de position sur le graphique de valeur de position à résoudre. Affichez chaque étape à l'aide de l'algorithme standard.

$4.272 \div 3 = \underline{\textbf{1.424}}$

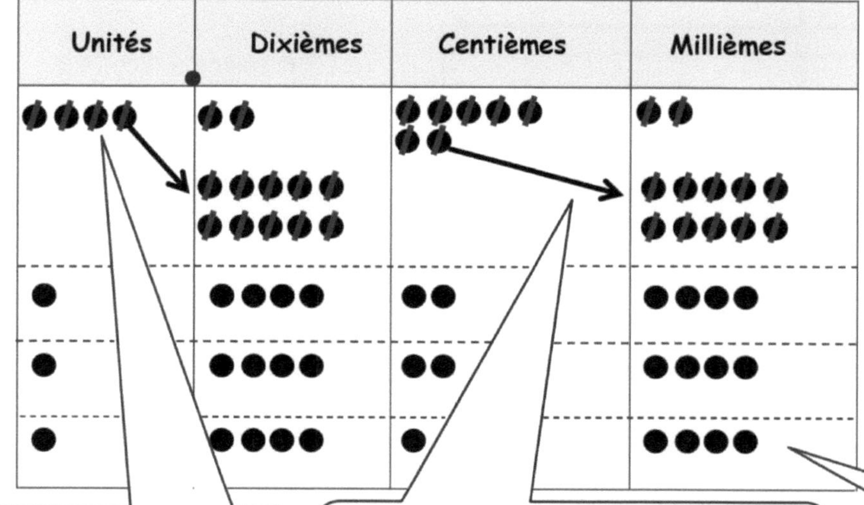

2. Résolvez $15,704 \div 4$ en utilisant l'algorithme standard.

15.704 est divisé en 4 groupes équitables Il y a 3.926 dans chaque groupe.

Pendant que je travaille, je visualise le tableau de valeur de position et je m'exprime à haute voix. "Nous avions 15 unités et nous en avons partagé 12. Il en reste 3 unités. Je peux changer ces 3 unités pour 30 dixièmes, ce qui, combiné aux 7 dixièmes au total, fait 37 dixièmes. Maintenant, je dois partager 37 dixièmes équitablement avec 4 groupes. Chaque groupe obtient 9 dixièmes."

```
      3. 9 2 6
4 | 1 5. 7 0 4
  - 1 2
    3 7
  - 3 6
      1 0
  -    8
      2 4
  -   2 4
        0
```

Lorsque je termine la division, je dois être sûr d'aligner soigneusement les unités de valeur de position - les dizaines avec les dizaines, les unités avec les unités, etc.

EUREKA MATH

Leçon 14 : Divisez les décimales par le reste en utilisant la compréhension de la valeur de position et reliez-les à une méthode écrite.

3. M. Huynh a payé 85,44 $ pour 6 livres de noix de cajou. Quel est le coût de 1 livre de noix de cajou ?

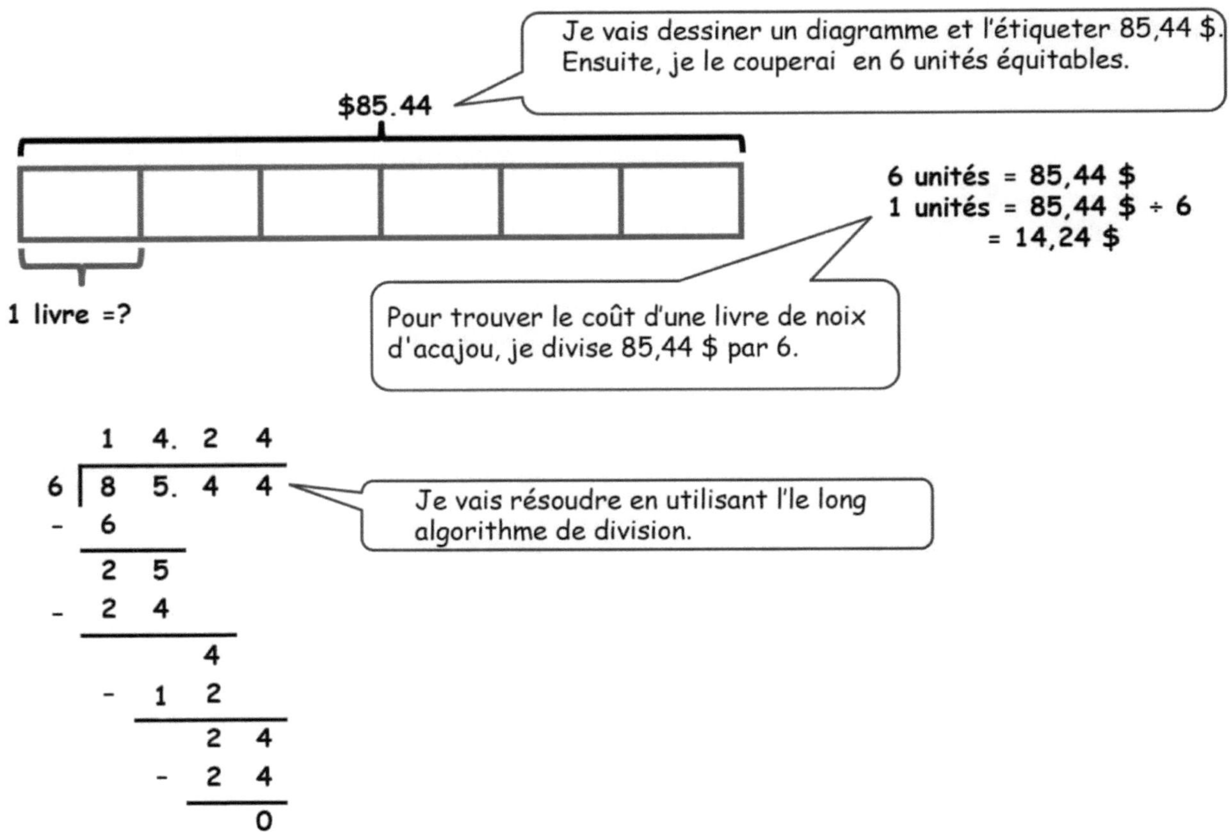

Le coût de 1 livre de noix de cajou est 14,24 $ US .

Nom _______________________________________   Date _______________________

1. Dessinez des disques de valeur de position sur le graphique de valeur de position à résoudre. Affichez chaque étape à l'aide de l'algorithme standard.

   a. $5{,}241 \div 3 =$ _______

Unités	Dixièmes	Centièmes	Millièmes

$$3\overline{)5\,.\,2\,4\,1}$$

   b. $5{,}372 \div 4 =$ _______

Unités	Dixièmes	Centièmes	Millièmes

$$4\overline{)5\,.\,3\,7\,2}$$

2. Résolvez en utilisant l'algorithme standard.

a. $0,64 \div 4 =$ _______	b. $6,45 \div 5 =$ _______	c. $16,404 \div 6 =$ _______

3. Mme Mayuko a payé 40,68 $ pour 3 kg de crevettes. Quel est le coût d'un kilogramme de crevettes ?

4. Le poids total de 6 morceaux de beurre et d'un sac de sucre est de 3,8 lb. Si le poids du sac de sucre est 1,4 lb, quel est le poids de chaque morceau de beurre ?

Leçon 14 :   Divisez les décimales par le reste en utilisant la compréhension de la valeur de position et reliez-les à une méthode écrite.

EUREKA
MATH

1. Dessinez des disques de valeur de position sur le graphique de valeur de position à résoudre. Affichez chaque étape de l'algorithme standard.

$5,3 \div 4 = \underline{\mathbf{1,325}}$

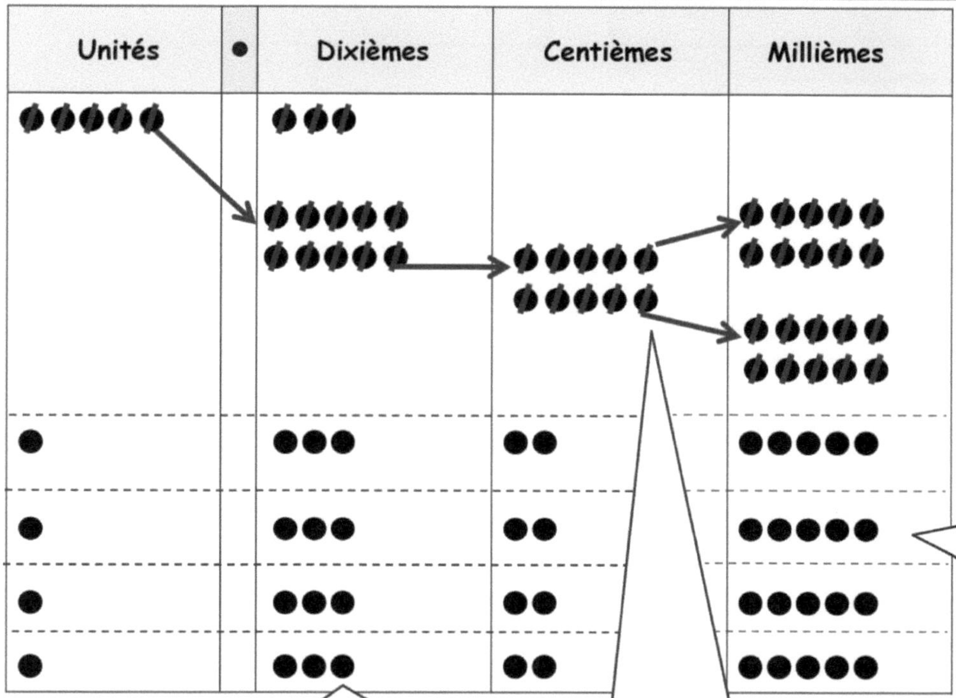

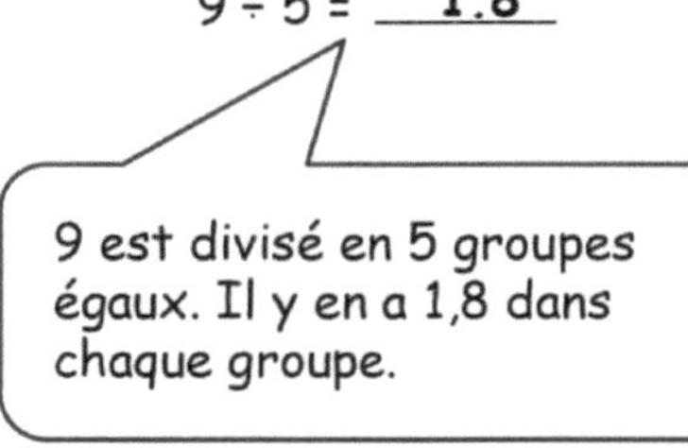

Unités	•	Dixièmes	Centièmes	Millièmes

2. Résolvez en utilisant l'algorithme standard.

$9 \div 5 = \underline{\mathbf{1,8}}$

3. Quatre boulangers ont partagé 5.4 kilogrammes de sucre également. Combien de sucre ont-ils chacun reçu ?

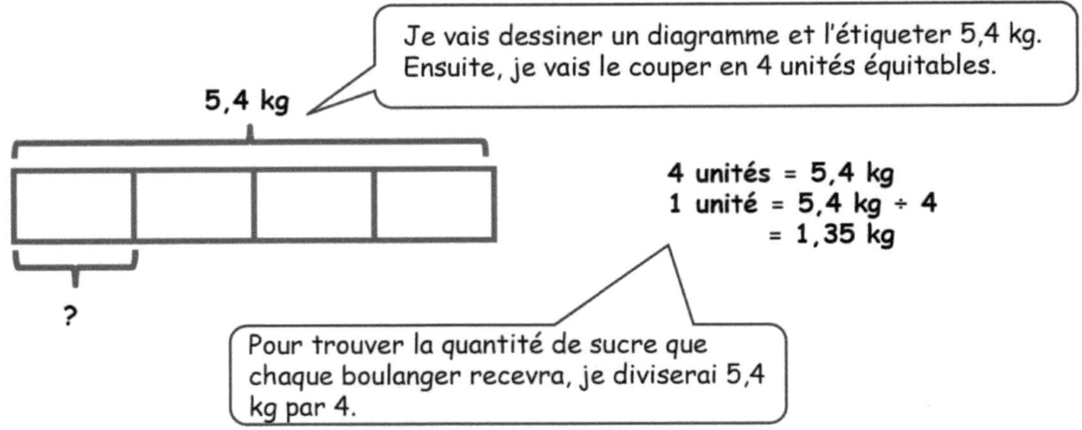

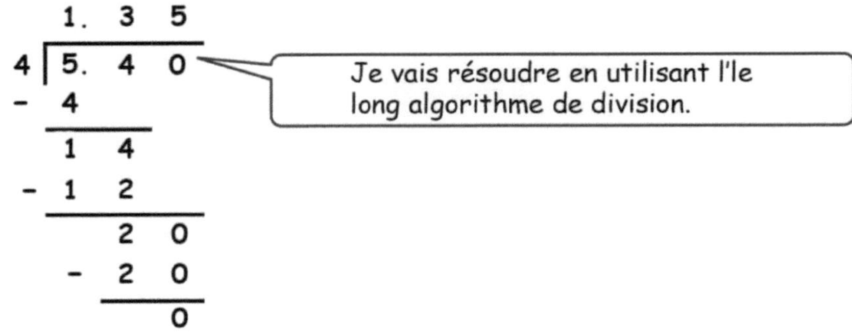

Chaque boulanger a reçu 1,35 kilogrammes de sucre.

Leçon 15 : Divisez les décimales en utilisant la compréhension de la valeur de position, y compris les restes dans la plus petite unité.

EUREKA MATH

Nom _______________________________________   Date _______________

1. Dessinez des disques de valeur de position sur le graphique de valeur de position à résoudre. Affichez chaque étape de l'algorithme standard.

   a. $0{,}7 \div 4 =$ _________

Uns	•	Dixièmes	Centièmes	Milliers

   $$4\overline{)0{.}\,7}$$

   b. $8{,}1 \div 5 =$ _________

Uns	•	Dixièmes	Centièmes	Milliers

   $$5\overline{)8{.}\,1}$$

2. Résolvez en utilisant l'algorithme standard.

a. $0,7 \div 2 =$	b. $3,9 \div 6 =$	c. $9 \div 4 =$
d. $0,92 \div 2 =$	e. $9,4 \div 4 =$	f. $91 \div 8 =$

3. Une corde de 8,7 mètres de longueur est coupée en 5 morceaux égaux. Quelle est la longueur de chaque morceau ?

4. Yasmine a acheté 6 gallons de jus de pomme. Après avoir rempli 4 bouteilles de même taille avec du jus de pomme, il lui restait 0,3 gallon de jus de pomme. Combien de gallons de jus de pomme se trouvent dans chaque récipient ?

Leçon 15 : Divisez les décimales en utilisant la compréhension de la valeur de position, y compris les restes dans la plus petite unité.

EUREKA MATH

1. Un livre de bande dessinée coûte 6,47 $, et un livre de recettes coûte 9,79 $.

   a. Zion achète 5 livres de bandes dessinées et 3 livres de recettes. Quel est le coût total de tous les livres ?

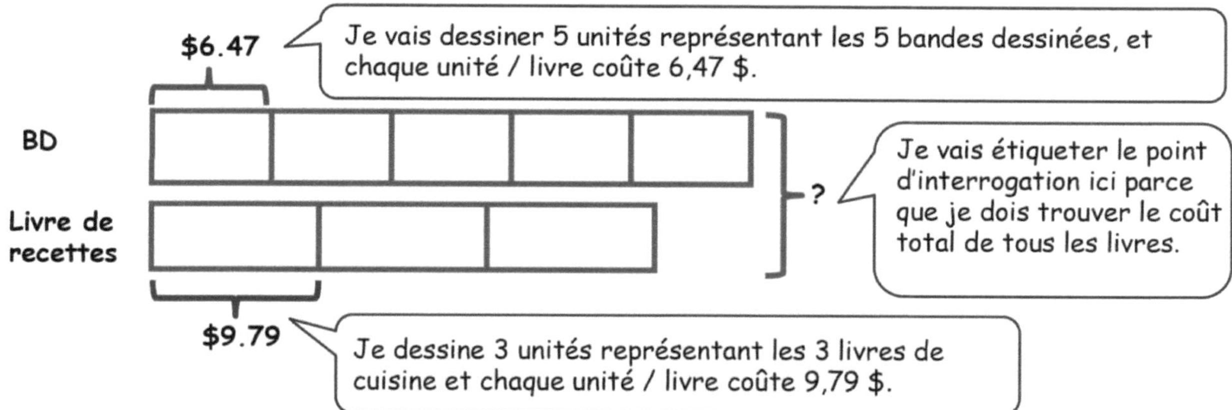

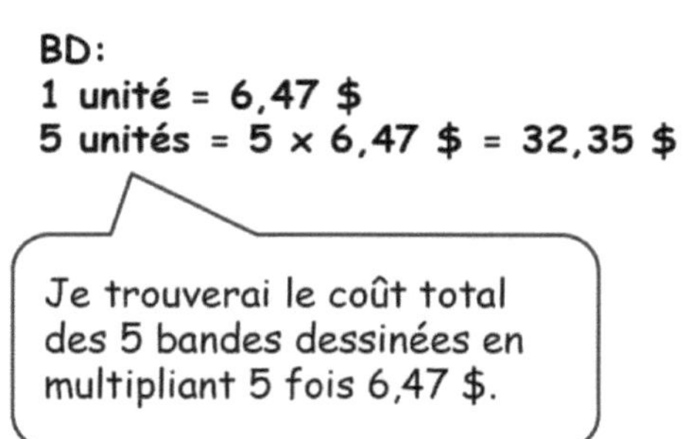

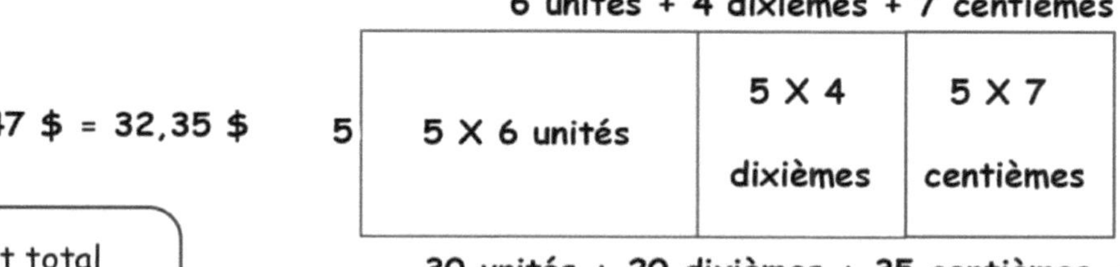

Livre de recettes:
1 unité = 9,79 $
3 unités = 3 × 9,79 $ = 29,37 $

Le coût total de tous les livres est de 61,72 $.

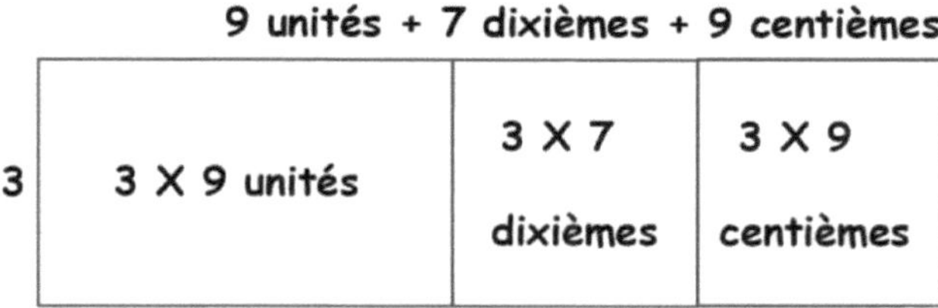

b.   Zion veut payer tous les livres avec une facture de 100 $ Combien de monnaie recevra-t-il ?

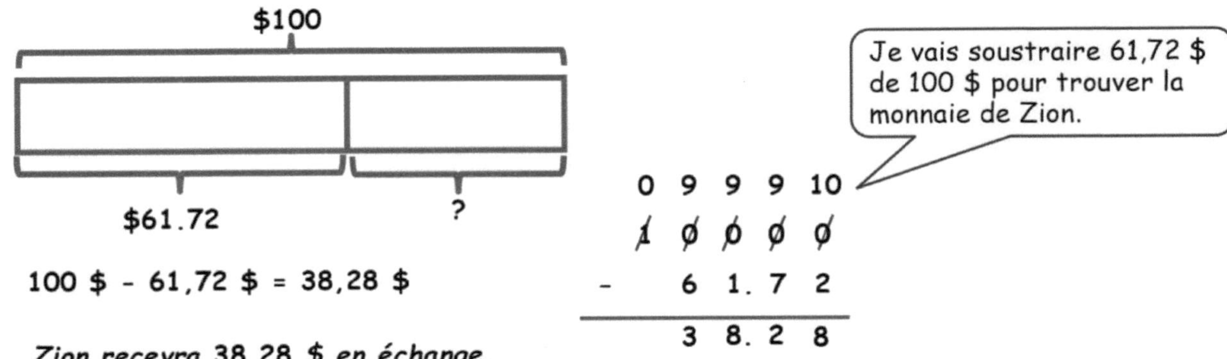

100 $ - 61,72 $ = 38,28 $

Zion recevra 38,28 $ en échange.

2.   Mme Porter a acheté 40 mètres de ficelle. Elle utilisait $8,5$ mètres pour attacher un paquet. Puis elle coupe le reste en 6 morceaux égaux. Trouvez la longueur de chaque morceau. Donnez la réponse en mètres.

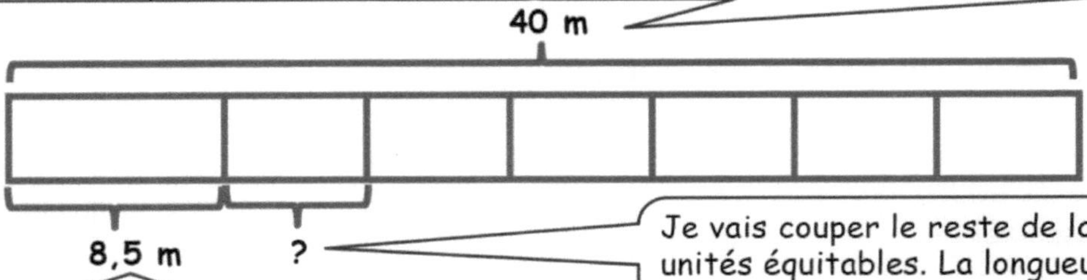

40 m - 8,5 m = 31,5 m

6 unités = 31,5 m

1 unité = 31,5 m ÷ 6 = 5,25 m

Chaque morceau de ficelle mesure 5,25 mètres.

     Leçon 16 :   Résolvez les problèmes de mots à l'aide d'opérations décimales.

EUREKA MATH

Nom _______________________________________ Date ___________________

Résolvez en utilisant des diagrammes en bande.

1. Un jardinier a installé 42,6 mètres de clôture en une semaine. Il a installé 13,45 mètres lundi et 9,5 mètres mardi. Il a installé le reste de la clôture en longueurs égales du mercredi au vendredi. Combien de mètres de clôtures at-il installé au cours de chacun des trois derniers jours ?

2. Jenny facture 9,15 $ l'heure pour garder les tout-petits et 7,45 $ l'heure pour garder les enfants d'âge scolaire.

   a. Si Jenny a gardé des bambins pendant 9 heures et des enfants d'âge scolaire pendant 6 heures, combien d'argent a-t-elle gagné en tout ?

   b. Jenny veut gagner 1 300 $ d'ici la fin de l'été. Combien devra-t-elle gagner de plus pour atteindre son objectif ?

3. Une table et 8 chaises pèsent 235,68 lb ensemble. Si la table pèse 157,84 lb, quel est le poids d'une chaise en livres ?

4. Mme Cleaver mélange 1,24 litre de peinture rouge avec 3 fois plus de peinture bleue pour faire de la peinture violette. Elle verse la peinture également dans 5 récipients. Quelle quantité de peinture bleue se trouve dans chaque récipient ? Donnez votre réponse en litres.

    Leçon 16 :   Résolvez les problèmes de mots à l'aide d'opérations décimales.

EUREKA
MATH

5e année

Module 2

1. Remplir les blancs en utilisant tes connaissances sur les unités de valeur de position et des calculs simples.

   a. 34×20

   Pensez: 34 unités x 2 dizaines = __68 dizaines__
   34 x 20 = **680**

   34 unités X 2 dizaines = (34 x 1) x (2 x 10).
   J'ai d'abord fait le calcul mental: 34 x 2 = 68.
   Ensuite, j'ai pensé aux unités. Un fois des dizaines est des dizaines.
   68 dizaines équivaut à 680 unités ou 680.

   b. 420×20

   Pensez: 42 dizaines x 2 dizaines = __84 des centaines__
   420 x 20 = **8,400**

   D'abord, je vais multiplier 42 fois 2 dans ma tête car c'est un fait fondamental: 84. Ensuite, je dois penser aux unités. Dizaines fois dizaines est des centaines. Par conséquent, ma réponse est de 84 centaines ou 8 400.hundreds or 8,400.

   Une autre façon de penser à cela est 42 x 10 x 2 x 10.
   Je peux utiliser la propriété associative pour changer l'ordre des facteurs: 42 x 2 x 10 x 10.

   c. 400×500

   Je dois faire attention car le fait de base, 4 x 5 = 20, se termine par un zéro.

   4 centaines x 5 centaines = __20 dix mille__
   400 x 500 = **200,000**

   Une autre façon de penser à cela est 4 x 100 x 5 x 100
   = 4 x 5 x 100 x 100
   = 20 x 100 x 100
   = 20 x 10,000
   = 200,000

2. Déterminer si ces équations sont vraies ou fausses. Défendre ta réponse en utilisant tes connaissances sur la valeur de position, la loi commutative, l'associativité et la distributivité.

   a. 9 dizaines = 3 dizaines x 3 dizaines

   > Les bonnes réponses pourraient être 9 dizaines = 3 dizaines x 3 unités, ou 9 centaines = 3 dizaines x 3 dizaines.

   Faux. Le fait de base est correct: 3 x 3 = 9. Cependant, les unités ne sont pas correctes: 10 x 10 est 100.

   b. 93 x 7 x 100 = 930 x 7 x 10

   Vrai. Je peux réécrire le problème. 93 x 7 x (10 x 10) = (93 x 10) x 7 x 10

   > La propriété associative me dit que je peux regrouper les facteurs dans n'importe quel ordre sans changer le produit.

3. Trouver les produits. Montrer ton raisonnement.

   > J'utilise la propriété distributive pour décomposer les facteurs.

60 x 5	60 x 50	6,000 x 5,000
= (6 x 10) x 5	= (6 x 10) X (5 x 10)	= (6 X 1,000) X (5 X 1,000)
= (6 x 5) x 10	= (6 x 5) X (10 x 10)	= (6 x 5) X (1,000 X 1,000)
= 30 x 10	= 30 x 100	= 30 x 1,000,000
= 300	= 3,000	= 30,000,000

   > Ensuite, j'utilise la propriété associative pour regrouper les facteurs.

   > Je multiplie d'abord le fait de base. Ensuite, je pense aux unités.

   > Je dois faire attention car le fait de base, 6 x 5, a un zéro dans le produit. Je multiplie le fait de base, puis je pense aux unités. 6 dizaines fois 5 font 30 dizaines. 30 dizaines équivaut à 300. Je pourrais obtenir la mauvaise réponse si je comptais juste des zéros.

   > Je peux penser à ceci sous forme d'unité: 6 milliers de fois 5 milliers. 6 x 5 = 30. Les unités sont des milliers de milliers. Je peux imaginer un graphique de valeur de position dans ma tête pour résoudre mille fois mille. Mille fois mille, c'est un million. La réponse est 30 millions, soit 30 000 000.

Leçon 1:   Multiplier des nombres entiers à plusieurs chiffres et des multiples de 10 en utilisant les schémas de la valeur de position, la distributivité et l'associativité.

EUREKA MATH

Nom _______________________________________   Date ________________________

1. Remplir les blancs en utilisant tes connaissances sur les unités de valeur de position et des calculs simples.

    a. 43×30

        Penser à : 43 unités × 3 dizaines = ___________ dizaines

        $43 \times 30 =$ ___________

    b. 430×30

        Penser à : 43 dizaines × 3 dizaines = ___________ centaines

        $430 \times 30 =$ ___________

    c. 830×20

        Penser à : 83 dizaines × 2 dizaines = 166 ___________

        $830 \times 20 =$ ___________

    d. $4{,}400 \times 400$

        ___________ centaines × ___________ centaines = 176 ___________

        $4{,}400 \times 400 =$ ___________

    e. $80 \times 5{,}000$

        ___________ dizaines × ___________ milliers = 40 ___________

        $80 \times 5{,}000 =$ ___________

2. Déterminer si ces équations sont vraies ou fausses. Défendre ta réponse en utilisant tes connaissances sur la valeur de position et la loi commutative, l'associativité et la distributivité.

    a. 35 centaines = 5 dizaines × 7 dizaines

    b. $770 \times 6 = 77 \times 6 \times 100$

    c. 50 dizaines × 4 centaines = 40 dizaines × 5 centaines

    d. $24 \times 10 \times 90 = 90 \times 2{,}400$

Leçon 1:   Multiplier des nombres entiers à plusieurs chiffres et des multiples de 10 en utilisant les schémas de la valeur de position, la distributivité et l'associativité.

3. Trouver les produits. Montrer ton raisonnement. La première ligne donne des idées pour montrer ton raisonnement.

a. 5×5

$= 25$

5×50

$= 25 \times 10$

$= 250$

50×50

$= (5 \times 10) \times (5 \times 10)$

$= (5 \times 5) \times 100$

$= 2,500$

50×500

$= (5 \times 5) \times (10 \times 100)$

$= 25,000$

b. 80×5

80×50

800×500

$8,000 \times 50$

c. 637×3

$6,370 \times 30$

$6,370 \times 300$

$63,700 \times 300$

4. Une dalle en béton mesure 20 pouces carrés (sq in). Quelle est l'aire de 30 dalles comme celle-là ?

5. Un nombre est égal à 42,300 lorsqu'il est multiplié par 10. Trouver le produit de ce nombre et de 500.

Leçon 1: Multiplier des nombres entiers à plusieurs chiffres et des multiples de 10 en utilisant les schémas de la valeur de position, la distributivité et l'associativité.

EUREKA MATH

1. Arrondir les facteurs pour estimer les produits.

a. $387 \times 51 \approx$ __400__ $\times$ __50__ $=$ __20,000__

b. $6,286 \times 26 \approx$ __6,000__ $\times$ __25__ $=$ __150,000__

2. Il y a 6,015 places disponibles pour chacun des spectacles de dance de printemps des Radio City Rockettes. S'il y a 68 représentations au total, combien de billets sont disponibles en tout ?

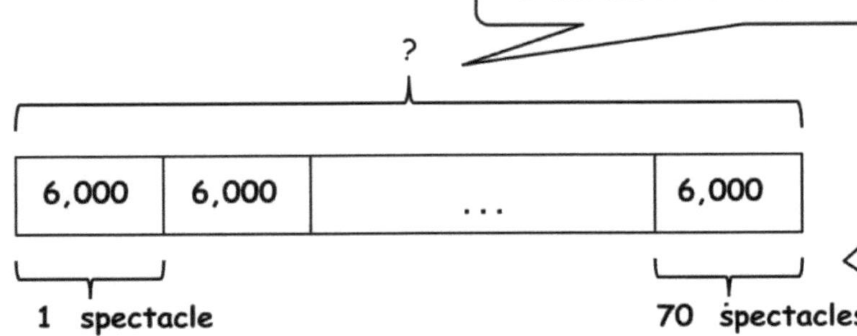

6,000 × 70
= 6 milliers × 7 dizaines = 42 dix milliers = 420 000
= (6 × 7) × (1,000 × 10) = 42 × 10,000 = 420,000

À propos 420 000 des billets sont disponibles pour les spectacles.

Leçon 2:   Estimer les produits à plusieurs chiffres en arrondissant les facteurs à un calcul simple et en utilisant les schémas de la valeur de position.

Copyright © Great Minds PBC

EUREKA MATH

Nom _______________________________________   Date _______________________

1. Arrondir les facteurs pour estimer les produits.

   a. $697 \times 82 \approx$ _________________ $\times$ _________________ $=$ _________________

   Une estimation raisonnable pour 697×82 est _________________.

   b. $5{,}897 \times 67 \approx$ _________________ $\times$ _________________ $=$ _________________

   Une estimation raisonnable pour $5{,}897 \times 67$ est _________________.

   c. $8{,}840 \times 45 \approx$ _________________ $\times$ _________________ $=$ _________________

   Une estimation raisonnable pour $8{,}840 \times 45$ est _________________.

2. Completer le tableau en utilisant ta compréhension de la valeur de position et tes connaissances sur l'arrondi pour estimer le produit.

Expressions	Facteurs arrondis	Estimation
a. $3{,}409 \times 73$	$3{,}000 \times 70$	$210{,}000$
b. $82{,}290 \times 240$		
c. $9{,}832 \times 39$		
d. 98 dizaines $\times$ 36 dizaines		
e. 893 centaines $\times$ 85 dizaines		

3. La réponse estimée à un problème de multiplication est $800{,}000$. Laquelle des expressions suivantes pourrait produire cette réponse ? Expliquer comment tu le sais.

   $8{,}146 \times 12$ $81{,}467 \times 121$ $8{,}146 \times 121$ $81{,}477 \times 1{,}217$

Leçon 2:   Estimer les produits à plusieurs chiffres en arrondissant les facteurs à un calcul simple et en utilisant les schémas de la valeur de position.

4. Remplir le blanc avec l'estimation manquante.

   a. $751 \times 34 \approx$ _________________ × _________________ = 24,000

   b. $627 \times 674 \approx$ _________________ × _________________ = 420,000

   c. $7,939 \times 541 \approx$ _________________ × _________________ = 4,000,000

5. En une seule saison, les New York Yankees vendent en moyenne 42,362 billets pour leurs 81 matchs à domicile. Combien de billets vendent-ils, environ, pour tous les matchs à domicile de la saison ?

6. Raphael veut acheter une nouvelle voiture.

   a. Il doit verser un acompte de 3,000 $. S'il épargne 340 $ par mois, dans combien de mois aura-t-il épargné assez pour l'acompte ?

   b. Pour sa nouvelle voiture, il paiera chaque mois 288 $ pendant cinq ans. Estimer le total de tous ces paiements.

Leçon 2: Estimer les produits à plusieurs chiffres en arrondissant les facteurs à un calcul simple et en utilisant les schémas de la valeur de position.

EUREKA MATH

1. Dessiner un modèle. Ensuite, écrire l'expression numérique.

   a. La somme de 5 et 4, fois deux

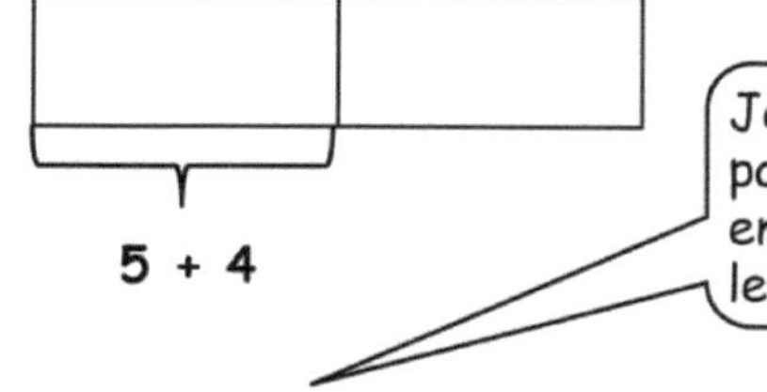

$(5 + 4) \times 2$ or $(5 + 4) + (5 + 4)$

   b. 3 fois la différence entre 42.6 et 23.9

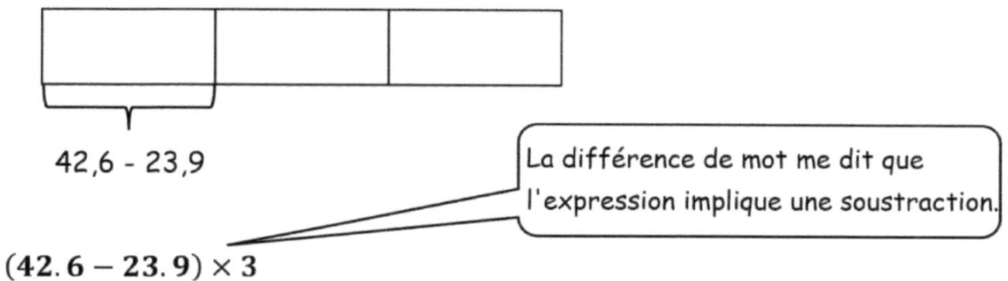

$(42.6 - 23.9) \times 3$

   c. La somme de 4 fois douze et 3 fois six

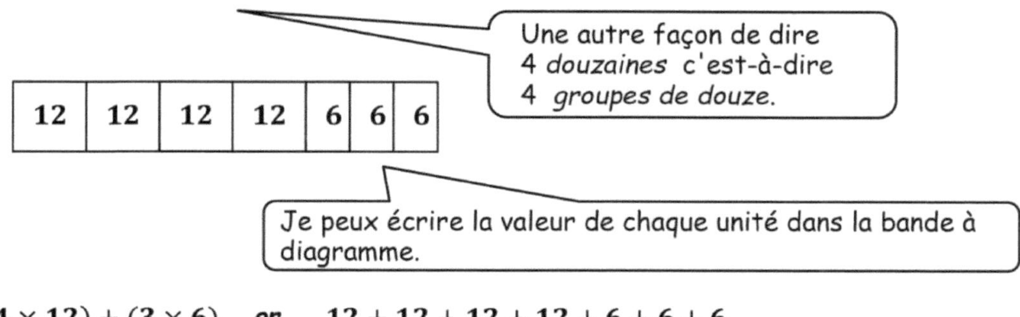

$(4 \times 12) + (3 \times 6)$ or $12 + 12 + 12 + 12 + 6 + 6 + 6$

EUREKA MATH

Leçon 3:   Écrire et interpréter des expressions numériques, et comparer les expressions en utilisant un modèle visuel.

2. Comparer les deux expressions en utilisant >, <, ou =.

a. $(2 \times 3) + (5 \times 3)$  $3 \times (2 + 5)$

b. $28 \times (3 + 50)$ $<$ $(3 + 50) \times 82$

   Leçon 3:   Écrire et interpréter des expressions numériques, et comparer les expressions en utilisant un modèle visuel.

Copyright © Great Minds PBC

EUREKA MATH

Nom _______________________________________   Date _______________________

1. Dessiner un modèle. Ensuite, écrire les expressions numériques.

a. La somme de 21 et 4, fois deux	b. 5 fois la somme de 7 et 23
c. 2 fois la différence entre 49.5 et 37.5	d. La somme de 3 fois quinze et 4 fois deux
e. La différence entre 9 fois trente-sept et 8 fois trente-sept	f. Le triple de la somme de 45 et 55

Leçon 3: Écrire et interpréter des expressions numériques, et comparer les expressions en utilisant un modèle visuel.

Copyright © Great Minds PBC

89

2. Écrire les expressions numériques en toutes lettres. Ensuite, les résoudre.

Expression	Mots	La valeur de l'expression
a. $10 \times (2.5 + 13.5)$		
b. $(98 - 78) \times 11$		
c. $(71 + 29) \times 26$		
d. $(50 \times 2) + (15 \times 2)$		

3. Compare les deux expressions en utilisant >, <, ou =. Dans l'espace sous chaque paire d'expressions, expliquer comment tu peux les comparer sans calculer. Dessiner un modèle si cela t'aide.

a. $93 \times (40 + 2)$	◯	$(40 + 2) \times 39$
b. 61×25	◯	60 fois vingt-cinq moins 1 fois vingt-cinq

Leçon 3:   Écrire et interpréter des expressions numériques, et comparer les expressions en utilisant un modèle visuel.

EUREKA MATH

4. Larry dit que $(14 + 12) \times (8 + 12)$ et $(14 \times 12) + (8 \times 12)$ sont équivalents parce qu'ils ont les mêmes chiffres et les mêmes opérations.

   a. Larry a-t-il raison ? Expliquer son raisonnement.

   b. Quelle expression est la plus grande ? Quelle différence y a-t-il ?

Leçon 3: Écrire et interpréter des expressions numériques, et comparer les expressions en utilisant un modèle visuel.

91

1. Entourer les expressions qui ne sont pas équivalentes à l'expression en **gras.**

14 × 31

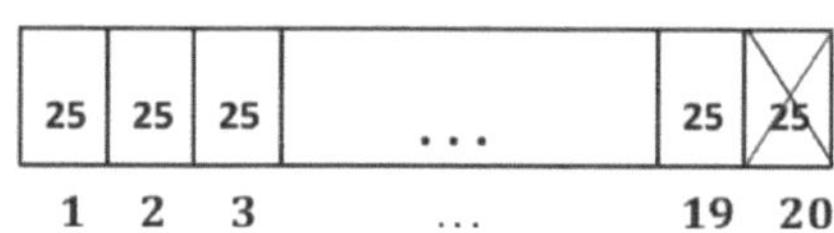

14 trente et un   31 quatorze $(13 - 1) \times 31$ $(10 \times 31) - (4 \times 31)$

La propriété commutative dit
14 × 31 = 31 × 14, ou   or
14 trente et un = 31 quatorze.

Ce serait équivalent s'il était plutôt de 13 + 1.

Je considère cela comme 10 trente-et-un moins 4 trente-et-un. Cette expression est égale à 6 trente et un non à 14 trente et un.

2. Résoudre en utilisant le calcul mental. Dessiner un diagramme en bande et remplir les blancs pour montrer son raisonnement.

   a. $19 \times 25 =$ __**19**__ fois vingt-cinq

Penser à : 20 fois vingt-cinq − 1 fois vingt-cinq

$= (\_\_**20**\_\_ \times 25) - (\_\_**1**\_\_ \times 25)$

$= \_\_\_**500**\_\_\_ - \_\_\_**25**\_\_\_ = \_\_\_**475**\_\_\_$

   b. $21 \times 32 =$ __**21**__ fois trente-deux

20 **trente-deux**

Penser à : __**20**__ fois trente-deux + __**1**__ fois trente-deux

$= (\_\_**20**\_\_ \times 32) + (\_\_**1**\_\_ \times 32)$

$= \_\_\_**640**\_\_\_ + \_\_\_**32**\_\_\_ = \_\_\_**672**\_\_\_$

3. Une animalerie a 99 aquariums avec 44 poissons dans chaque aquarium. Combien de poissons y a-t-il dans l'animalerie ? Utiliser le calcul mental pour résoudre le problème. Expliquer son raisonnement.

*Je dois trouver **99** fois quarante-quatre.*

*Je sais que **99** quarante-quatre est **1** unité de quarante-quatre de moins que **100** quarante-quatre.*

*J'ai multiplié **100** x **44**, ce qui donne **4,400**.*

*Je dois soustraire un groupe de **44**.*

***4, 400 − 44**. Il y a **4,356** poissons dans l'animalerie.*

Leçon 4: Convertir des expressions numériques en forme unitaire comme stratégie mentale pour la multiplication à plusieurs chiffres.

EUREKA MATH

Nom ____   Date _______________________

1. Entourer les expressions qui ne sont pas équivalentes à l'expression en **gras.**

    a. **37 × 19**

    37 fois dix-neuf $(30 × 19) - (7 × 29)$ $37 × (20 - 1)$ $(40 - 2) × 19$

    b. **26 × 35**

    35 fois vingt-six $(26 + 30) × (26 + 5)$ $(26 × 30) + (26 × 5)$ $35 × (20 + 60)$

    c. **34 × 89**

    $34 × (80 + 9)$ $(34 × 8) + (34 × 9)$ $34 × (90 - 1)$ 89 fois trente-quatre

2. Résoudre en utilisant le calcul mental. Dessine un diagramme en bande et remplis les blancs pour montrer ton raisonnement. Le premier exercice a été partiellement fait pour toi.

a. $19 × 50 = $ __________ cinquante	b. $11 × 26 = $ __________ fois vingt-six

a. Diagramme en bande :

50	50	50	...	50	50
1	2	3	...	19	20

Penser à : 20 fois cinquante – 1 fois cinquante

= (__________ × 50) – (__________ × 50)

= __________ – __________

= __________

b. Penser à : ______ fois vingt-six + ______ fois vingt-six

= (__________ × 26) + (__________ × 26)

= __________ + __________

= __________

EUREKA MATH®   **Leçon 4:**   Convertir des expressions numériques en forme unitaire comme stratégie mentale pour la multiplication à plusieurs chiffres.

Copyright © Great Minds PBC

c.   49 × 12 = ___________ fois douze

d.   12 × 25 = ___________ fois vingt-cinq

Réfléchis : ______ fois douze – 1 fois douze

   = (___________ × 12) – (___________ × 12)

   = ___________ – ___________

   = ___________

Penser à : ______ vingt-cinq + ______ fois vingt-cinq

   = (___________ × 25) + (___________ × 25)

   = ___________ + ___________

   = ___________

3.   Définir l'unité en toutes lettres et compléter la séquence de problèmes comme cela a été fait dans la leçon.

a. 29 × 12 = 29 ___________

b. 11 × 31 = 31 ___________

Penser à : 30 ___________ – 1 ___________

   = (30 × ___________) – (1 × ___________)

   = ___________ – ___________

   = ___________

Penser à : 30 ___________ + 1 ___________

   = (30 × ___________) + (1 × ___________)

   = ___________ + ___________

   = ___________

   Convertir des expressions numériques en forme unitaire comme stratégie mentale pour la multiplication à plusieurs chiffres.

EUREKA
MATH

c.   19 × 11 = 19 __________

Penser à : 20 __________ – 1 __________

= (20 × __________) – (1 × __________)

= __________ – __________

= __________

d.   50 × 13 = 13 __________

Penser à : 10 __________ + 3 __________

= (10 × __________) + (3 × __________)

= __________ + __________

= __________

4. Comment 12 × 50 peut t'aider à trouver 12 × 49?

5.   Résoudre mentalement.

a.   16 × 99 = __________

b.   20 × 101 = __________

6.   Joy aide son père à construire une terrasse rectangulaire qui mesure 14 ft sur 19 ft. Trouver l'aire de la terrasse en utilisant une stratégie mentale. Expliquer son raisonnement.

7.   L'école Lason School aura 101 ans en juin. Pour fêter cela, elle a demandé à chacune des 23 classes de collecter 101 objets et de faire un collage. Combien d'objets y aura-t-il sur le collage ? Utiliser le calcul mental pour résoudre le problème. Expliquer son raisonnement.

1. Dessiner un modèle de zone et ensuite résoudre le problème en utilisant l'algorithme standard. Utiliser des flèches pour associer les produits partiels du modèle de zone aux produits partiels de l'algorithme.

   a. 33×21

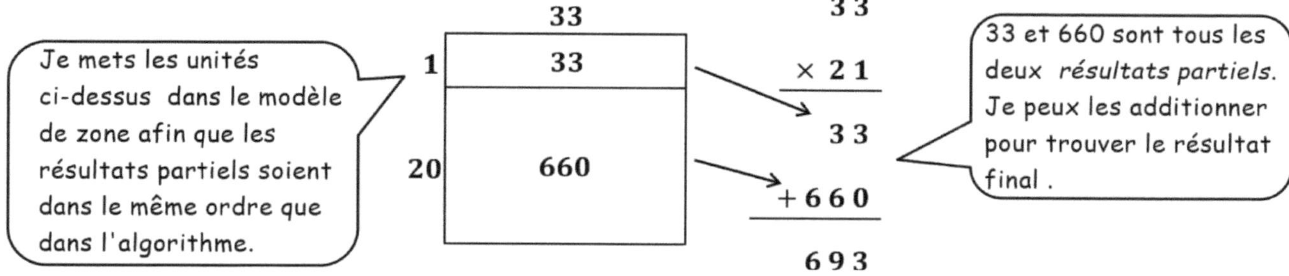

   b. 433×21

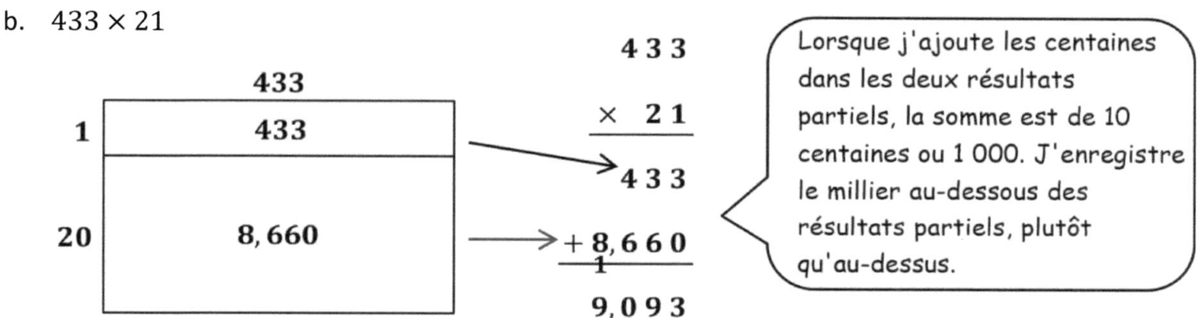

2. Elizabeth paie 123 $ chaque mois pour son abonnement de téléphone. Combien paie-t-elle en un an ?

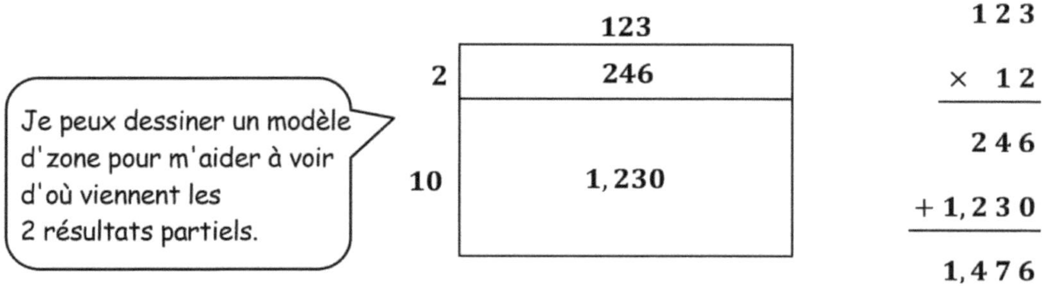

Elizabeth dépense 1,476 $ en un an pour son abonnement téléphonique.

Nom ____   Date _______________________

1. Dessiner un modèle de zone et ensuite résoudre le problème en utilisant l'algorithme standard. Utiliser des flèches pour associer les produits partiels du modèle de zone aux produits partiels de l'algorithme.

   a. $24 \times 21 =$ __________

$$\begin{array}{r} 2\,4 \\ \times\ 2\,1 \\ \hline \end{array}$$

   b. $242 \times 21 =$ __________

$$\begin{array}{r} 2\,4\,2 \\ \times\ \ \ 2\,1 \\ \hline \end{array}$$

2. Résoudre en utilisant l'algorithme standard.

   a. $314 \times 22 =$ __________   b. $413 \times 22 =$ __________   c. $213 \times 32 =$ __________

3. Un jeune serpent mesure 0.23 mètre de long. Au cours de sa vie, il va grandir pour atteindre 13 fois sa taille actuelle. Combien mesurera-t-il à l'âge adulte ?

4. Zenin gagne 142 $ par quart dans son nouveau travail. Pendant une période de paie, il travaille 12 quarts. Combien gagnera-t-il pour cette période ?

Leçon 5:   Relier des modèles visuels et la propriété distributive aux produits partiels de l'algorithme standard sans renommer.

1. Dessiner un modèle de zone. Ensuite, résoudre en utilisant l'algorithme standard. Utiliser des flèches pour associer les produits partiels de son modèle de zone aux produits partiels de l'algorithme.

   a. 39×45

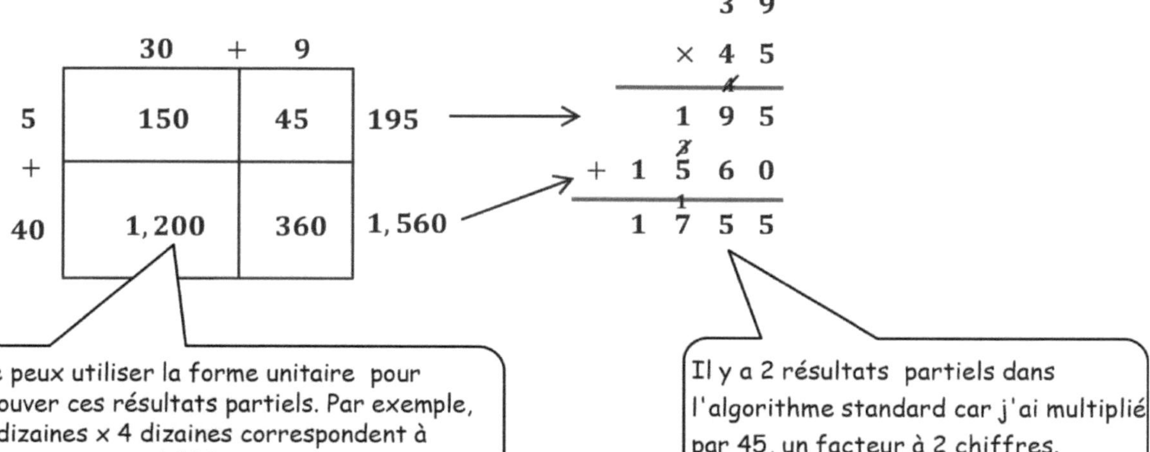

   b. 339×45

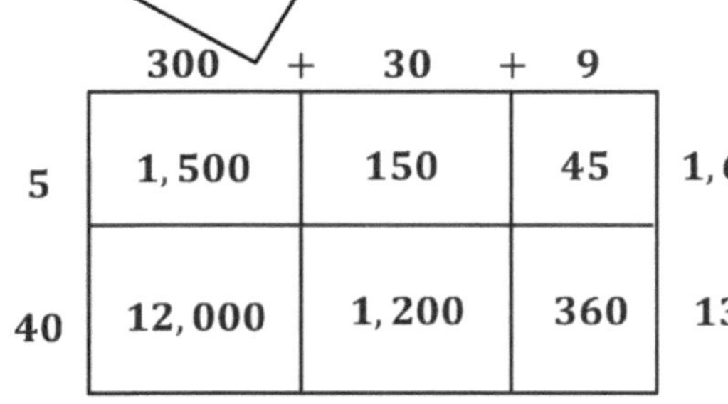

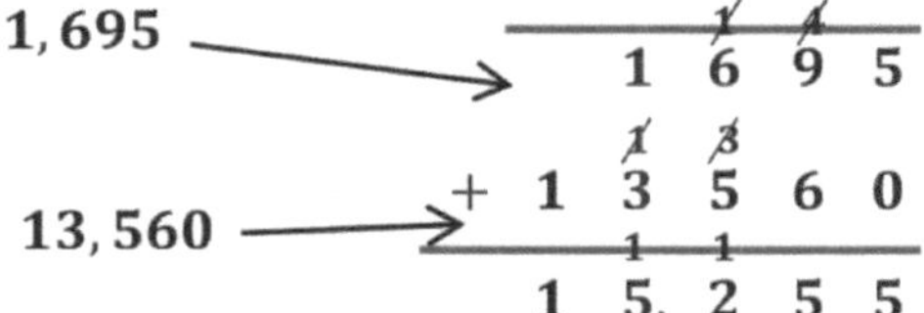

Copyright © Great Minds PBC

2. Desmond a acheté une voiture et paie des mensualités. Chaque mensualité était de 452 $ par mois. Après 36 mois, Desmond doit toujours 1,567 $. Quel était le prix total de la voiture ?

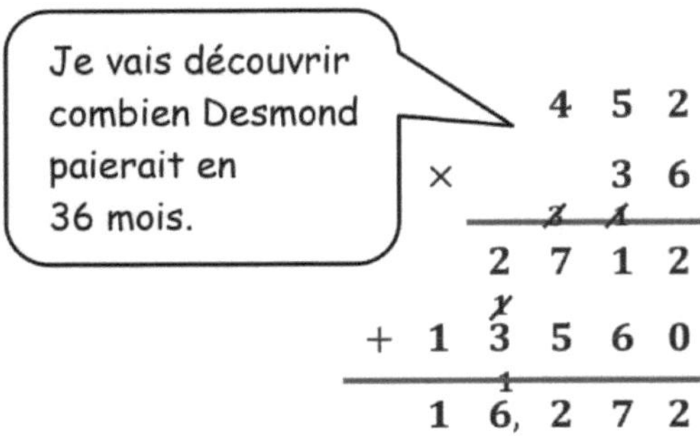

$$
\begin{array}{r}
4\;5\;2 \\
\times \quad 3\;6 \\
\hline
2\;7\;1\;2 \\
+\;1\;3\;5\;6\;0 \\
\hline
1\;6,\;2\;7\;2
\end{array}
\qquad
\begin{array}{r}
1\;6,\;2\;7\;2 \\
+\quad 1,\;5\;6\;7 \\
\hline
1\;7,\;8\;3\;9
\end{array}
$$

Le prix total de la voiture était 17 839 $.

Leçon 6: Relier des diagrammes de zone et la propriété distributive aux produits partiels de l'algorithme standard sans renommer.

EUREKA MATH

Nom _______________________________ Date _______________

1. Dessiner un modèle de zone. Ensuite, résoudre en utilisant l'algorithme standard. Utiliser des flèches pour associer les produits partiels de son modèle de zone aux produits partiels de l'algorithme.

   a. 27 × 36

$$\begin{array}{r} 27 \\ \times\ 36 \\ \hline \end{array}$$

   b. 527 × 36

$$\begin{array}{r} 527 \\ \times\ 36 \\ \hline \end{array}$$

2. Résoudre en utilisant l'algorithme standard.

   a. 649×53

   b. 496×53

   c. 758×46

   d. 529×48

3. Chacun des 25 élèves de la classe de M. McDonald a vendu 16 billets de tombola. Si chaque billet coûte 15 $, combien les élèves de M. McDonald ont-ils récolté ?

4. Jayson achète une voiture et paie par mensualités. Chaque mensualité s'élève à 567 $ par mois. Après 48 mois, Jayson doit encore 1,250 $ Quel était le prix total du véhicule ?

Leçon 6: Relier des diagrammes de zone et la propriété distributive aux produits partiels de l'algorithme standard sans renommer.

EUREKA MATH

1. Dessiner un modèle de zone. Ensuite, résoudre en utilisant l'algorithme standard. Utiliser des flèches pour associer les produits partiels du modèle de zone aux produits partiels de l'algorithme.

$$431 \times 246 = \underline{\textbf{106, 026}}$$

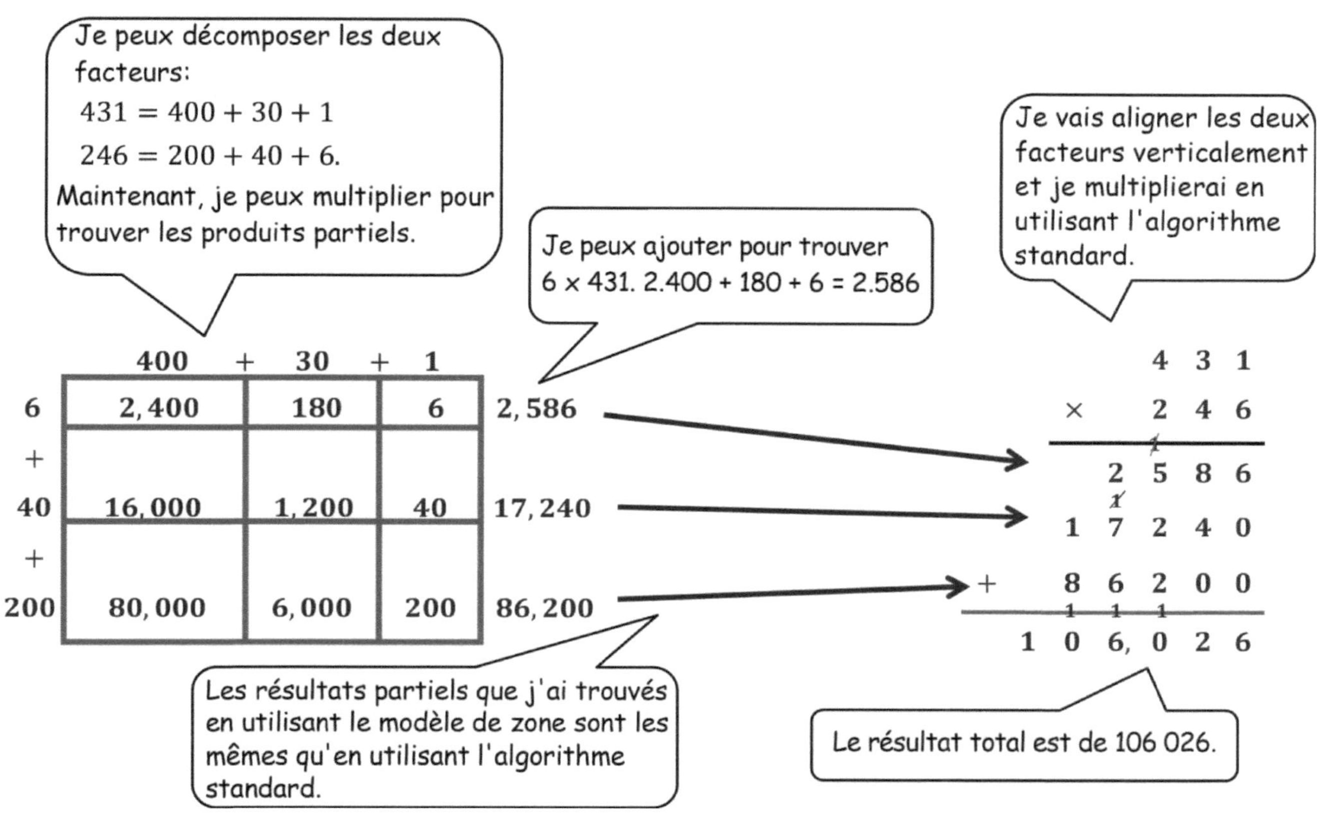

2. Résoudre en dessinant un modèle de zone et en utilisant l'algorithme standard.

$2{,}451 \times 107 = \underline{\mathbf{262{,}257}}$

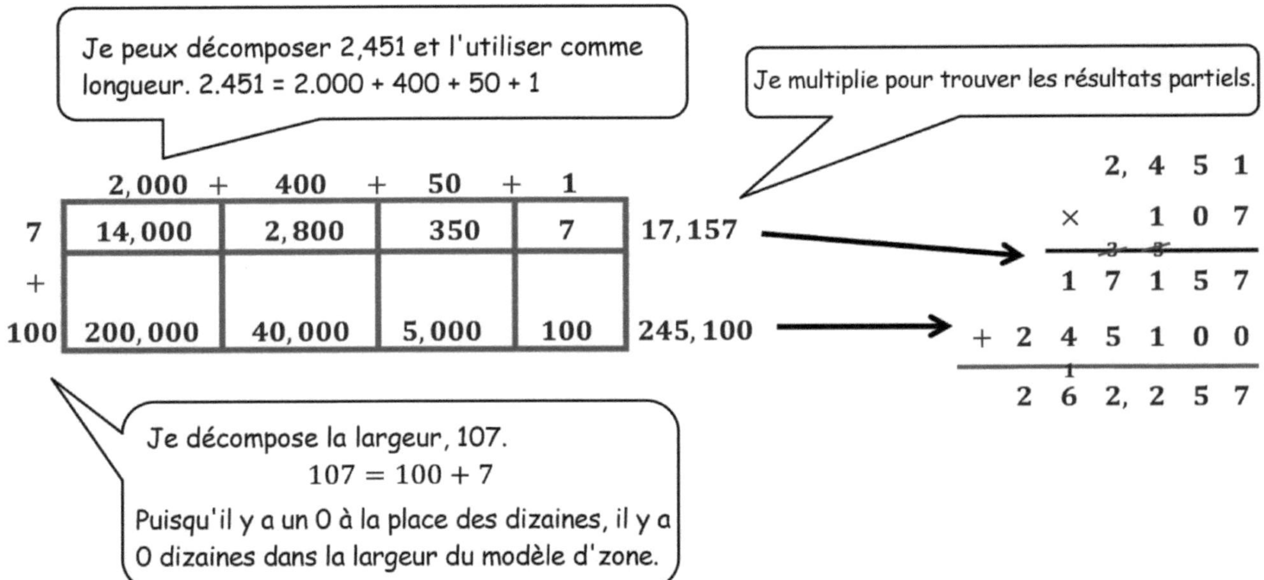

3. Résoudre en utilisant l'algorithme standard.

$7{,}302 \times 408 = \underline{\mathbf{2{,}979{,}216}}$

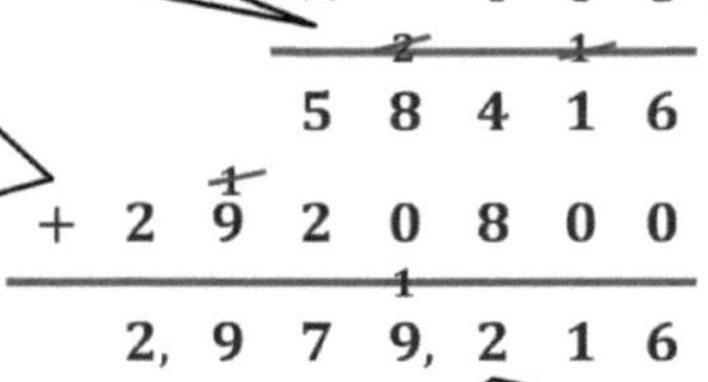

Leçon 7:   Relier des modèles de zone et la propriété distributive aux produits partiels
de l'algorithme standard sans renommer.

Copyright © Great Minds PBC

EUREKA MATH

Nom ____   Date ________________

1. Dessiner un modèle de zone. Ensuite, résoudre en utilisant l'algorithme standard. Utiliser des flèches pour associer les produits partiels de son modèle de zone aux produits partiels dans ton algorithme.

   a. 273×346

$$\begin{array}{r} 273 \\ \times\ 346 \\ \hline \end{array}$$

   b. 273×306

$$\begin{array}{r} 273 \\ \times\ 306 \\ \hline \end{array}$$

   c. Tant la partie (a) que la partie (b) ont des multiplicateurs à trois chiffres. Pourquoi y a-t-il trois produits partiels dans la partie (a), et seulement deux produits partiels dans la partie (b) ?

2. Résoudre en dessinant un modèle de zone et en utilisant l'algorithme standard.

    a. $7{,}481 \times 290$

    b. $7{,}018 \times 209$

3. Résoudre en utilisant l'algorithme standard.

    a. 426×357 b. $1{,}426 \times 357$

Leçon 7:   Relier des modèles de zone et la propriété distributive aux produits partiels
de l'algorithme standard sans renommer.

EUREKA
MATH

c. 426×307 d. $1{,}426 \times 307$

4. Le stade des Hudson Valley Renegades peut accueillir 4,505 personnes. Au sommet de leur popularité, ils ont rempli le stade pendant 219 matchs consécutifs. Combien de billets ont été vendus pendant cette période ?

5. Le samedi au marché des agriculteurs, chacun des 94 vendeurs réalise 502 $ de bénéfices. Combien de bénéfices les vendeurs ont-ils réalisés ensemble ce samedi-là ?

Leçon 7:   Relier des modèles de zone et la propriété distributive aux produits partiels
             de l'algorithme standard sans renommer.

Copyright © Great Minds PBC

1. Estimer d'abord les produits. Résoudre en utilisant l'algorithme standard. Utiliser son estimation pour vérifier le caractère raisonnable du produit.

a. 795×248

$\approx 800 \times 200$

$= 160,000$

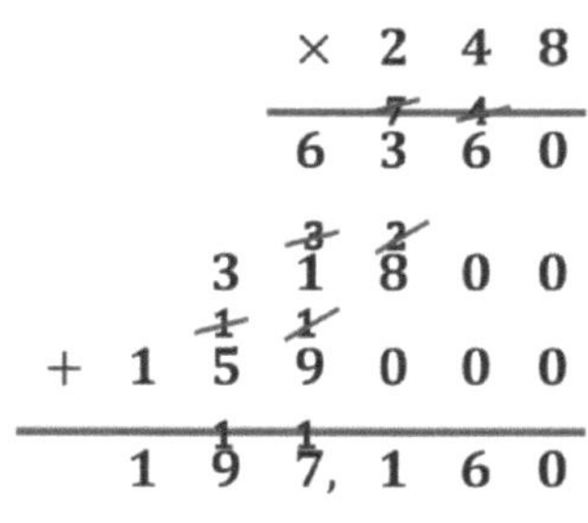

> J'aurais pu arrondir 248 à 250 afin d'avoir une estimation plus proche du résultat réel. Une autre estimation raisonnable est de 800 × 250 = 200 000.

> 8 × 5 = 40, que j'enregistre comme 4 dizaines 0 unités. 8 × 9 dizaines = 72 dizaines plus 4 dizaines, cela fait 76 dizaines. J'enregistre 76 dizaines comme 7 centaines 6 dizaines.

> Ce résultat est raisonnable car 197 160 sont proches de 160 000. Mon autre estimation est également raisonnable car 197 000 est très proche de 200 000.

b. $4,308 \times 505$

$\approx 4,000 \times 500$

$= 2,000,000$

> Je dois être attentif en vue d'une estimation précise. 4 milliers × 5 centaines, c'est 20 centaines de milliers C'est la même chose que 2 millions. Si je compte simplement des zéros, je peux obtenir une mauvaise estimation.

> Ce résultat partiel est le résultat de 5 × 4308.

> Ce résultat partiel est le résultat de 500 × 4308. C'est logique qu'il soit 100 fois supérieur au premier résultat partiel.

2. En multipliant 809 fois 528, Isaac a obtenu un produit de 42,715. Sans calculer, le produit semble-t-il raisonnable ? Expliquer son raisonnement.

Le résultat d'Isaac d'environ 40 des milliers n'est pas raisonnable. Une bonne estimation est 8 des centaines de fois 5 des centaines, ce qui est 40 dix mille. C'est la même chose que 400 000 ne pas 40 000.

> Je pense qu'Isaac a arrondi 809 à 800 et 528 à 500. Ensuite, je pense qu'il a multiplié 8 fois 5 pour obtenir 40. De là, je considère qu'il a mal compté les zéros.

Nom _______________________________________   Date _____________________

1. Estimer d'abord le produit. Résoudre en utilisant l'algorithme standard. Utiliser son estimation pour vérifier le caractère raisonnable du produit.

a. 312×149	b. 743×295	c. 428×637
$\approx 300 \times 100$ $= 30{,}000$ $\;3\,1\,2$ $\times\;\;1\,4\,9$		
d. 691×305	e. $4{,}208 \times 606$	f. $3{,}068 \times 523$
g. $430 \times 3{,}064$	h. $3{,}007 \times 502$	i. $254 \times 6{,}104$

Leçon 8:   Multiplier avec aisance des nombres entiers à plusieurs chiffres en utilisant l'algorithme standard et en utilisant l'estimation pour vérifier le caractère raisonnable du produit.

2. En multipliant 1,729 fois 308, Clayton a obtenu un produit de 53,253. Sans calculer, le produit semble-t-il raisonnable ? Expliquer son raisonnement.

3. Un éditeur imprime 1,912 copies d'un livre à chaque tirage. S'ils impriment 305 tirages, le manager veut savoir combien de livres seront imprimés. Quelle serait une estimation raisonnable ?

Leçon 8: Multiplier avec aisance des nombres entiers à plusieurs chiffres en utilisant l'algorithme standard et en utilisant l'estimation pour vérifier le caractère raisonnable du produit.

EUREKA MATH

Résoudre.

1. Howard et Robin sont menuisiers. L'année passée, Howard a fait 107 meubles. Robin a fait 28 meubles de plus que Howard. Chaque meuble qu'ils fabriquent contient exactement 102 clous. Combien de clous ont-ils utilisés ensemble pour faire leurs meubles ?

Howard:

$$
\begin{array}{r}
1\ 0\ 7 \\
\times\ 1\ 0\ 2 \\
\hline
2\ 1\ 4 \\
+\ 1\ 0\ 7\ 0\ 0 \\
\hline
1\ 0,\ 9\ 1\ 4
\end{array}
$$

Robin: $107 + 28 = 135$

$$
\begin{array}{r}
1\ 3\ 5 \\
\times\ 1\ 0\ 2 \\
\hline
2\ 7\ 0 \\
+\ 1\ 3\ 5\ 0\ 0 \\
\hline
1\ 3,\ 7\ 7\ 0
\end{array}
$$

$$
\begin{array}{r}
1\ 0,\ 9\ 1\ 4 \\
+\ 1\ 3,\ 7\ 7\ 0 \\
\hline
2\ 4,\ 6\ 8\ 4
\end{array}
$$

Ensemble, ils ont utilisé 24,684 clous.

2. Mme Peterson a effectué 32 paiements pour sa voiture de 533 $ chacun. Elle doit encore 8,530 $ pour sa voiture. Combien la voiture a-t-elle coûté ?

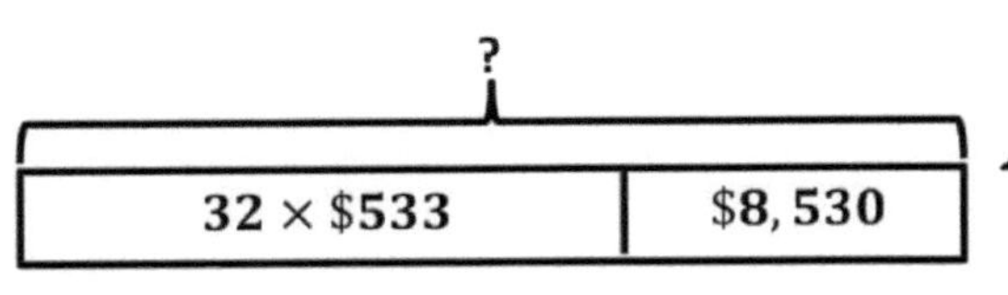

$$
\begin{array}{r}
5\ 3\ 3 \\
\times\ \ \ \ 3\ 2 \\
\hline
1\ 0\ 6\ 6 \\
+\ 1\ 5\ 9\ 9\ 0 \\
\hline
1\ 7,\ 0\ 5\ 6
\end{array}
\qquad
\begin{array}{r}
1\ 7,\ 0\ 5\ 6 \\
+\ \ \ 8,\ 5\ 3\ 0 \\
\hline
2\ 5,\ 5\ 8\ 6
\end{array}
$$

La voiture de Mme Peterson coûte 25,586 $.

EUREKA MATH

Nom ____ Date _________________________

Résoudre.

1. Jeffrey a acheté 203 feuilles d'autocollants. Chaque feuille contient une douzaine d'autocollants. Il a donné 907 autocollants à sa famille et à ses amis pour la Saint Valentin. Combien d'autocollants restent-ils à Jeffrey ?

2. Lors de la saison 2011, un quarterback a lancé des passes pour 302 yards (yd) par match. Cette année-là, il a joué les 16 matchs de la saison régulière.

    a. Au total, combien de yards (yd) a-t-il lancés ?

    b. S'il égale son record de passes lors des 13 prochaines saisons, combien de yards (yd) aura-t-il lancés dans sa carrière ?

3. Bao a économisé 179 $ par mois. Il a économisé 145 $ de moins qu'Ada chaque mois. Combien Ada a-t-elle économisé en trois ans et demi ?

4. Mme Williams tricote une couverture pour sa petite-fille qui vient de naître. La couverture mesure 2.25 mètres de long et 1.8 mètre de large. Quelle est l'aire de la couverture ? Écrire la réponse en centimètres.

Leçon 9: Multiplier avec aisance des nombres entiers à plusieurs chiffres en utilisant l'algorithme standard pour résoudre des problèmes sous forme d'énoncés à plusieurs étapes.

5. Utiliser le tableau pour résoudre le problème. **Dimensions d'un terrain de foot**

	Réglementations de la FIFA (en yards)	Écoles de l'État de New York (en yards)
Longueur minimum	110	100
Longueur maximum	120	120
Largeur minimum	70	55
Largeur maximum	80	80

a. Écrire une expression pour trouver la différence dans l'aire maximum et l'aire minimum d'un terrain de foot d'une école dans l'État de New York. Ensuite, évaluer son expression.

b. Un terrain d'une largeur de 75 yards (yd) et une aire de 7,500 yards carrés (sq yd) serait-il conforme aux réglementations de la FIFA ? Pourquoi ou pourquoi pas?

c. Cela coûte 26 $ de fertiliser, arroser, tondre et entretenir chaque yard carré (sq yd) d'un terrain correspondant aux normes de la FIFA (aux dimensions maximales) avant un match. Combien cela va-t-il coûter de préparer le terrain pour le match de la semaine prochaine ?

Leçon 9: Multiplier avec aisance des nombres entiers à plusieurs chiffres en utilisant l'algorithme standard pour résoudre des problèmes sous forme d'énoncés à plusieurs étapes.

1. Estime le produit. Résous en utilisant le modèle de zone et l'algorithme standard. Pense à exprimer les produits sous la forme standard.

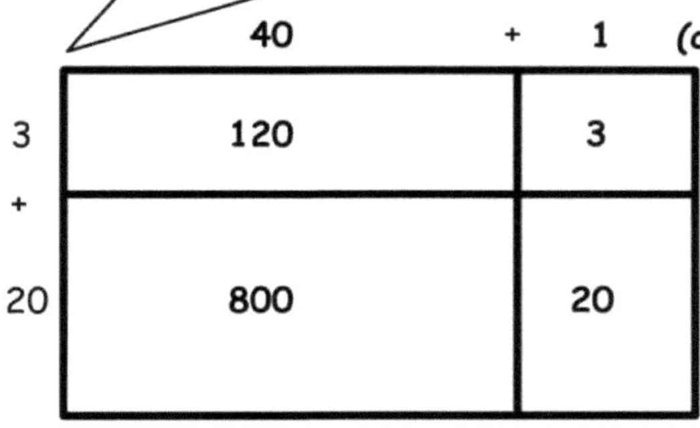

2. Estime. Ensuite, utilise l'algorithme standard pour résoudre le problème. Exprime tes produits sous la forme standard.

a. $7.1 \times 29 \approx$ ___7___ $\times$ ___30___ $=$ ___210___

$$
\begin{array}{r}
7\ 1 \ \text{(dixièmes)} \\
\times\ 2\ 9 \\
\hline
6\ 3\ 9 \\
+\ 1\ 4\ 2\ 0 \\
\hline
2,\ 0\ 5\ 9 \ \text{(dixièmes)} = 205,9
\end{array}
$$

b. $182.4 \times 32 \approx$ ___200___ $\times$ ___30___ $=$ ___6,000___

$$
\begin{array}{r}
1\ 8\ 2\ 4 \ \text{(dixièmes)} \\
\times\ \ \ \ \ 3\ 2 \\
\hline
3\ 6\ 4\ 8 \\
+\ 5\ 4\ 7\ 2\ 0 \\
\hline
5\ 8,\ 3\ 6\ 8 \ \text{(dixièmes)} = 5.836.8
\end{array}
$$

Leçon 10:   Multiplier des fractions décimales avec des dixièmes par des nombres entiers à plusieurs chiffres en utilisant la compréhension de la valeur de position pour noter les produits partiels.

Copyright © Great Minds PBC

EUREKA MATH

Nom _______________________________   Date _______________

1. Estime le produit. Résous en utilisant le modèle de zone et l'algorithme standard. Pense à exprimer les produits sous la forme standard.

   a. $53 \times 1.2 \approx$ _______ $\times$ _______ = _______

1 2 (tenths)

$\times$ 5 3

   b. $2.1 \times 82 \approx$ _______ $\times$ _______ = _______

2 1 (tenths)

$\times$ 8 2

2. Estime. Ensuite, utilise l'algorithme standard pour résoudre le problème. Exprime tes produits sous la forme standard.

   a. $4.2 \times 34 \approx$ _______ $\times$ _______ = _______

   4 2 (tenths)

   $\times$ 3 4

   b. $65 \times 5.8 \approx$ _______ $\times$ _______ = _______

   5 8 (tenths)

   $\times$ 6 5

c. $3.3 \times 16 \approx$ _________ × _________ = _________

d. $15.6 \times 17 \approx$ _________ × _________ = _________

e. $73 \times 2.4 \approx$ _________ × _________ = _________

f. $193.5 \times 57 \approx$ _________ × _________ = _________

3. M. Jansen construit une patinoire dans son jardin qui mesurera 8.4 mètres sur 22 mètres. Quelle est l'aire de la patinoire ?

4. Rachel court 3.2 miles tous les jours de la semaine et 1.5 miles chacun des jours du weekend. Combien de miles aura-t-elle courus après 6 semaines ?

Leçon 10 : Multiplier des fractions décimales avec des dixièmes par des nombres entiers à plusieurs chiffres en utilisant la compréhension de la valeur de position pour noter les produits partiels.

EUREKA MATH

1. Estime le produit. Résous en utilisant l'algorithme standard. Utilise les bulles pour montrer ton raisonnement.

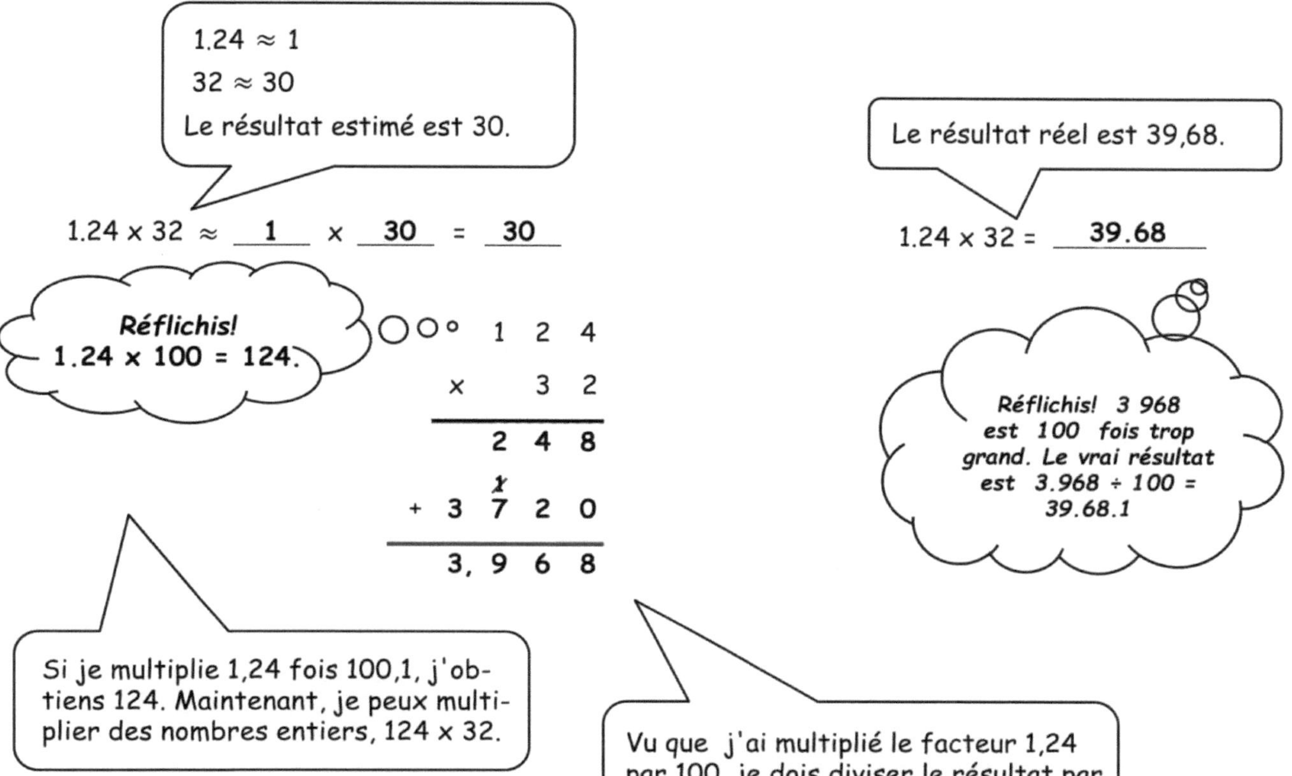

2. Résous en utilisant l'algorithme standard.

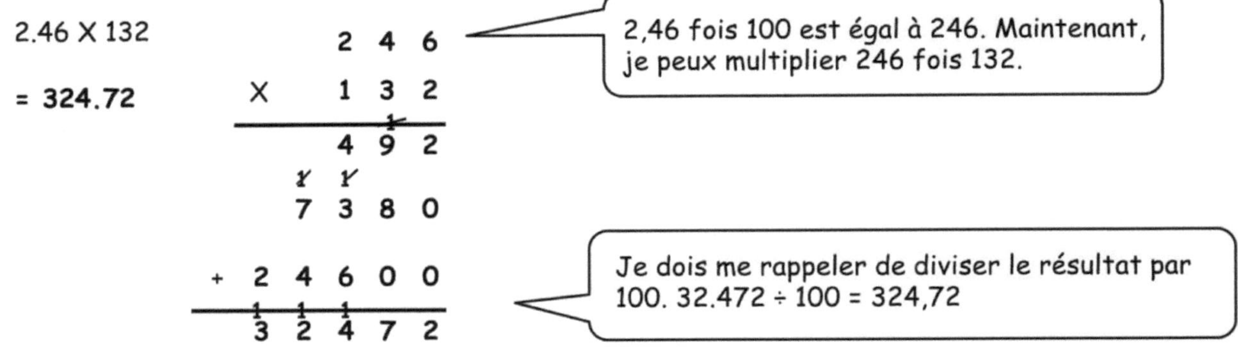

2.46 X 132

= 324.72

```
      2  4  6
  X   1  3  2
  -------------
      4  9  2
   7  3  8  0
+ 2  4  6  0  0
  -------------
  3  2  4  7  2
```

3. Utilise le produit du nombre entier et le raisonnement de la valeur de position pour placer le point décimal dans le deuxième produit. Explique comment tu le sais.

Si 54 x 736 = 39 744,   puis   54 X 7.36 = __397.44__ .

7. 36 est 736 centièmes, donc je peux juste diviser 39, 744 par 100. 39.744 ÷ 100 = 397.44

Leçon 11: Multiplier des fractions décimales par des nombres entiers à plusieurs chiffres par la conversion à un problème de nombre entier et en réfléchissant à la place de la décimale.

Copyright © Great Minds PBC

EUREKA MATH

Nom ____   Date _________________

1. Estime le produit. Résous en utilisant l'algorithme standard. Utilise les bulles pour montrer ton raisonnement. (Dessine un modèle de zone sur une feuille à part si cela peut t'aider.)

a. $2.42 \times 12 \approx$ _______ $\times$ _______ $=$ _______ $2.42 \times 12 =$ _______________

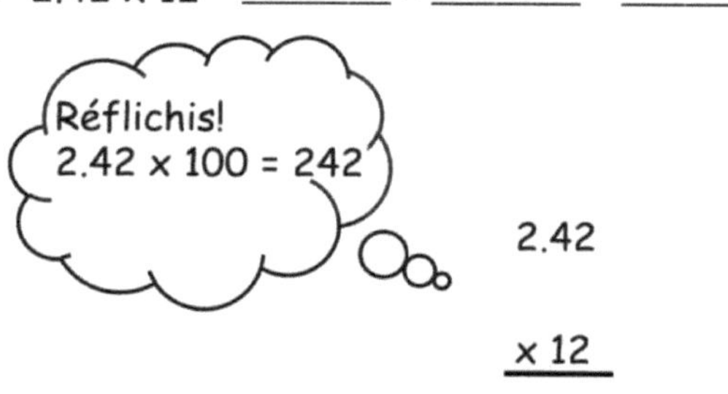

2.42

x 12

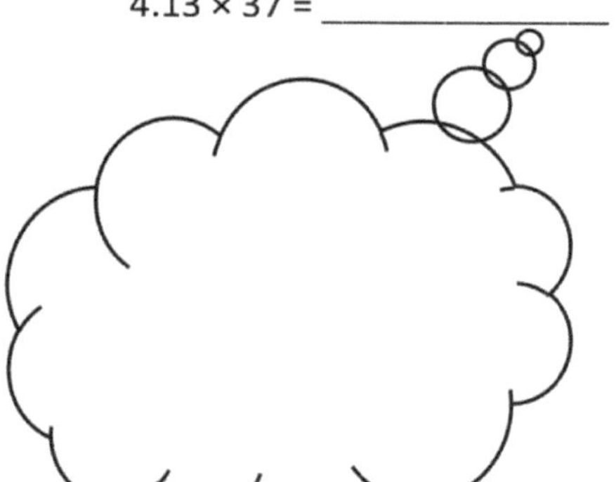

b. $4.13 \times 37 \approx$ _______ $\times$ _______ $=$ _______ $4.13 \times 37 =$ _______________

4 . 1 3

x 3 7

2. Résous en utilisant l'algorithme standard.

a. 2.03×13

b. 53.16×34

c. 371.23×53

d. 1.57×432

3. Utilise le produit du nombre entier et le raisonnement de la valeur de position pour placer le point décimal dans le deuxième produit. Explique comment tu le sais.

a. Si $36 \times 134 = 4{,}824$ alors $36 \times 1.34 =$ _______________

b. Si $84 \times 2{,}674 = 224{,}616$ alors $84 \times 26.74 =$ _______________

c. $19 \times 3{,}211 = 61{,}009$ alors $321.1 \times 19 =$ _______________

Leçon 11:   Multiplier des fractions décimales par des nombres entiers à plusieurs chiffres par la conversion à un problème de nombre entier et en réfléchissant à la place de la décimale.

EUREKA MATH

4. Un part de pizza coûte 1.57 $. Combien coûtent 27 parts ?

5. Une bobine de ruban contient 6.75 mètres de ruban. Un club d'artisanat achète 21 bobines.

   a. Quel est le coût total si le ruban est vendu 2 $ le mètre ?

   b. Si le club utilise 76.54 mètres pour terminer un projet, combien de mètres de ruban restera-t-il ?

1. Estime. Ensuite, résous en utilisant l'algorithme standard. Tu peux dessiner un modèle de zone si cela t'aide.

$14 \times 3.12 \approx$ __**10**__ $\times$ __**3**__ $=$ __**30**__

$$\begin{array}{r} 3.1\ 2 \\ \times\ \ \ 1\ 4 \\ \hline 1\ 2\ 4\ 8 \\ +\ 3\ 1\ 2\ 0 \\ \hline 4\ 3.6\ 8 \end{array}$$

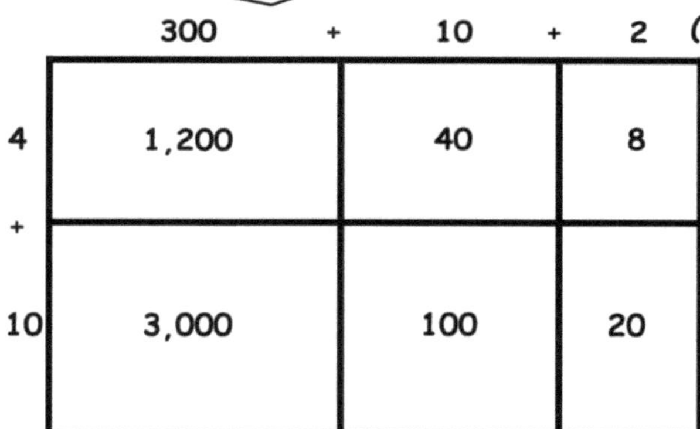

Leçon 12:   Réfléchir au produit d'un nombre entier et d'une décimale avec des centièmes en utilisant la compréhension de la valeur de position et l'estimation.

EUREKA MATH

2. Estime. Ensuite, résous en utilisant l'algorithme standard.

   a. $0.47 \times 32 \approx$ __**0.5**__ $\times$ __**30**__ $=$ __**15**__

   > $0.47 \approx 0.5$
   > $32 \approx 30$
   > Multiplier 0,5 fois 30 équivaut à prendre la moitié de 30. Le résultat estimé est de 15.

   > Je songerai à multiplier 0,47 x 100 = 47. Maintenant, je songerai à multiplier 47 fois 32.

```
      0. 4  7
   ×     3  2
   ____________
         9  4
       2
 + 1  4  1  0
   ____________
      1
   1  5. 0  4
```

   > Je dois me rappeler d'écrire le résultat en nombre de centièmes. 1.504: 100 = 15,04.

   b. $6.04 \times 307 \approx$ __**6**__ $\times$ __**300**__ $=$ __**1,800**__

   > $6.04 \approx 6$
   > $307 \approx 300$
   > 6 unités multiplié par 3 centaines équivaut à 18 centaines, ou 1 800.

```
        6. 0  4
      × 3  0  7
   ____________
      4  2  2  8
 + 1  8  1  2  0  0
   ____________
   1, 8  5  4. 2  8
```

   > Le résultat réel est 1 854,28, ce qui est très proche de mon produit estimé à 1 800.

3. Tatiana va marcher dans le parc tous les après-midis. Au mois d'août, elle a marché 2.35 miles tous les jours. Quelle distance Tatiana a-t-elle parcourue pendant le mois d'août ?

   Il y a 31 jours en août.

   Tatiana a marché 72,85 miles en août.

   > Je multiplierai 2,35 fois 31 jours pour trouver la distance totale parcourue par Tatiana pendant le mois d'août.

```
      2. 3  5
   ×     3  1
   ____________
      2  3  5
 + 7  0  5  0
   ____________
   7  2. 8  5
```

   Leçon 12:   Réfléchir au produit d'un nombre entier et d'une décimale avec des centièmes en utilisant la compréhension de la valeur de position et l'estimation.   **EUREKA MATH**

Nom _______________________________________   Date _________________________

1. Estime. Ensuite, résous en utilisant l'algorithme standard. Tu peux dessiner un modèle de zone si cela t'aide.

   a. $24 \times 2.31 \approx$ __________ $\times$ __________ = __________

$$\begin{array}{r} 2.31 \\ \times\ 24 \\ \hline \end{array}$$

   b. $5.42 \times 305 \approx$ __________ $\times$ __________ = __________

$$\begin{array}{r} 5.42 \\ \times\ 305 \\ \hline \end{array}$$

EUREKA MATH

Leçon 12: Réfléchir au produit d'un nombre entier et d'une décimale avec des centièmes en utilisant la compréhension de la valeur de position et l'estimation.

135

2. Estime. Ensuite, résous en utilisant l'algorithme standard. Utilise une feuille séparée pour dessiner un modèle de zone si cela t'aide.

a. $1.23 \times 21 \approx$ _________ × _________ = _________

b. $3.2 \times 41 \approx$ _________ × _________ = _________

c. $0.32 \times 41 \approx$ _________ × _________ = _________

d. $0.54 \times 62 \approx$ _________ × _________ = _________

e. $6.09 \times 28 \approx$ _________ × _________ = _________

f. $6.83 \times 683 \approx$ _________ × _________ = _________

g. $6.09 \times 208 \approx$ _________ × _________ = _________

h. $171.76 \times 555 \approx$ _________ × _________ = _________

Leçon 12: Réfléchir au produit d'un nombre entier et d'une décimale avec des centièmes en utilisant la compréhension de la valeur de position et l'estimation.

EUREKA MATH

3. L'objectif d'Eric est de marcher les 2.75 miles jusqu'au parc et le retour tous les jours pendant un an. S'il atteint son objectif, combien de miles Eric aura-t-il parcourus ?

4. Les galeries d'art déterminent en général le prix des peintures au pouce carré (sq in). Si une peinture mesure 22.5 pouces (in.) sur 34 pouces (in.) et coûte 4.15 $ au pouce carré (sq in), quel est le prix de vente de la peinture ?

5. Gerry dépense tous les jours 1.25 $ pour le repas de midi à l'école. Le vendredi, elle achète une collation en plus à 0.55 $. Combien va-t-elle dépenser en deux semaines ?

1. Résous.

   a. Convertis les années en jours.

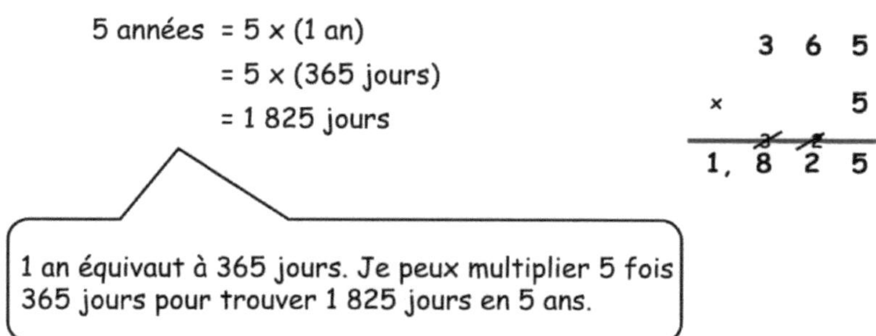

   $$5 \text{ années } = 5 \times (1 \text{ an})$$
   $$= 5 \times (365 \text{ jours})$$
   $$= 1\,825 \text{ jours}$$


   ```
         3  6  5
   ×           5
   ─────────────
      1, 8  2  5
   ```

   b. Convertis les livres (lb) en onces (oz).

   $$13,5 \text{ lb} = 13,5 \times (1 \text{ lb})$$
   $$= 13,5 \times (16 \text{ onces.})$$
   $$= 216 \text{ once.}$$


   ```
           1  3. 5
   ×          1  6
   ─────────────
        8  1  0
   + 1  3  5  0
   ─────────────
     2  1  6. 0
   ```

2. Après avoir résolus les problèmes, écris une déclaration pour exprimer chaque conversion.

   a. La hauteur d'une autruche mâle est de 7.3 mètres. Quelle est sa hauteur en centimètres ?

   $$7,3 \text{ m} = 7,3 \times (1 \text{ m})$$
   $$= 7.3 \times (100 \text{ cm})$$
   $$= 730 \text{ cm}$$

   *Sa hauteur est de **730** centimètres.*

---

b. La capacité d'un récipient est de 0.3 litre. Convertis cela en millilitres.

$$0.3 \text{ L} = 0.3 \times (1 \text{ L})$$
$$= 0,3 \times (1000 \text{ ml})$$
$$= 300 \text{ ml}$$

La capacité du récipient est de 300 millilitres.

Leçon 13:   Utiliser la multiplication de nombres entiers pour exprimer des mesures équivalentes.

EUREKA MATH

Nom _________________________________ Date _________________

1. Résous. Le premier a été fait pour toi.

a. Convertis les semaines en jours.
 	
6 weeks = 6 × (1 week)
 	
   = 6 × (7 days)
 	
   = 42 days
	b. Convertis les années en jours.
	
	7 years = __________ × (__________ year)
	
	  = __________ × (__________ days)
	
	  = __________ days

c. Convertis les mètres en centimètres.
 	
4.5 m = __________ × (__________ m)
 	
  = __________ × (__________ cm)
 	
  = __________ cm
	d. Convertis les livres (lb) en onces (oz).
	
	12.6 livres (lb)

e. Convertis les kilogrammes en grammes. 3.09 kg	f. Convertis les yards (yd) en pouces (in). 245 yd

Leçon 13: Utiliser la multiplication de nombres entiers pour exprimer des mesures **141**
       équivalentes.

2. Après avoir résolus les problèmes, écris une déclaration pour exprimer chaque conversion. Le premier a été fait pour toi.

a. Convertis le nombre d'heures d'une journée en minutes. $24\,\text{hours} = 24 \times (1\,\text{hour})$ $\qquad\qquad = 24 \times (60\,\text{minutes})$ $\qquad\qquad = 1{,}440\,\text{minutes}$ Il y a 24 heures dans une journée, ce qui équivaut à 1,440 minutes.	**b.** Un bébé girafe pèse environ 65 kilogrammes. Combien pèse-t-il en grammes ?
c. La hauteur moyenne d'une girafe femelle est de 4.6 mètres. Quelle est sa taille en centimètres ?	**d.** La capacité d'un gobelet est de 0.1 litre. Convertis cela en millilitres.
e. Un cochon pèse 9.8 livres (lb). Convertis le poids du cochon en onces (oz).	**f.** Un marqueur mesure 0.13 mètre de long. Quelle est la longueur en millimètres ?

Leçon 13: Utiliser la multiplication de nombres entiers pour exprimer des mesures équivalentes.

EUREKA MATH

1. Résous.

   a. Convertis les quarts (qt) en gallons (gal).

   $$28 \text{ litres} = 28 \times (1 \text{ litre})$$
   $$= 28 \times \left(\tfrac{1}{4} \text{ gallons}\right)$$
   $$= \tfrac{28}{4} \text{ gallons}$$
   $$= 7 \text{ gallons}$$

   > 1 litre est égal à 1/4 gallon. Je multiplie 28 fois 1/4 gallon pour se rendre compte que 7 gallons est égal à 28 litres

   b. Convertis les grammes en kilogrammes.

   $$5.030 \text{ g} = 5030 \times (1 \text{ g})$$
   $$= 5\ 030 \times (0{,}001 \text{ kg})$$
   $$= 5{,}030 \text{ kg}$$

   > 1 gramme est égal à 0,001 kilogramme. Je multiplie 5030 fois 0,001 kilogramme pour obtenir 5,030 kilogrammes.

2. Après avoir résolus les problèmes, écris une déclaration pour exprimer chaque conversion.

   a. Une cruche d'eau contient 16 tasses. Convertis 16 tasses en pintes (pt).

   $$16 \text{ tasses} = 16 \times (1 \text{ tasse})$$
   $$= 16 \times \left(\tfrac{1}{2} \text{ pinte}\right)$$
   $$= \tfrac{16}{2} \text{ pintes}$$
   $$= 8 \text{ pintes}$$

   > 1 tasse équivaut à 1/2 pinte. Je multiplie 16 fois 1/2 pinte pour constater que 8 pintes équivalent à 16 tasses.

   16 tasses égale 8 pintes (pt).

   b. La longueur d'une table est de 305 centimètres. Quelle est sa longueur en mètres ?

   $$305 \text{ cm} = 305 \times (1 \text{ cm})$$
   $$= 305 \times (0{,}01 \text{ m})$$
   $$= 3{,}05 \text{ m}$$

   > 1 centimètre est égal à 0,01 mètre. Je multiplie 305 fois 0,01 mètre pour obtenir 3,05 mètres.

   La longueur de la table est 3.05 mètres.

Nom _________________________________   Date _____________________

1. Résous. Le premier a été fait pour toi.

a. Convertis les jours en semaines. $42 \text{ days} = 42 \times (1 \text{ day})$ $= 42 \times \left(\frac{1}{7} \text{ week}\right)$ $= \frac{42}{7} \text{ week}$ $= 6 \text{ weeks}$	**b. Convertis les quarts (qt) en gallons (gal).** $36 \text{ quarts} = $ _________ $\times (1 \text{ quart})$ $= $ _________ $\times \left(\frac{1}{4} \text{ gallon}\right)$ $= $ _________ gallons $= $ _________ gallons
c. Convertis les centimètres en mètres. $760 \text{ cm} = $ _________ $\times ($ _________ cm$)$ $= $ _________ $\times ($ _________ m$)$ $= $ _________ m	**d. Convertis les mètres en kilomètres.** $2{,}485 \text{ m} = $ _________ $\times ($ _________ m$)$ $= $ _________ $\times (0.001 \text{ km})$ $= $ _________ km
e. Convertis les grammes en kilogrammes. $3{,}090 \text{ g} = $	**f. Convertis les millilitres en litres.** $205 \text{ mL} = $

Leçon 14:   Utiliser la multiplication de fractions et de décimales pour exprimer des mesures équivalentes.

2. Après avoir résolus les problèmes, écris une déclaration pour exprimer chaque conversion. Le premier a été fait pour toi.

a. L'écran mesure 36 pouces (in). Convertis 36 pouces (in) en pieds (ft). $36 \text{ inches} = 36 \times (1 \text{ inch})$ $= 36 \times \left(\frac{1}{12} \text{ feet} \right)$ $= \frac{36}{12} \text{ feet}$ $= 3 \text{ feet}$ L'écran mesure 36 pouces (in) ou 3 pieds (ft).	b. Une cruche de jus contient 8 tasses. Convertis 8 tasses en pintes (pt).
c. La longueur d'un jardin de fleurs est de 529 centimètres. Quelle est sa longueur en mètres ?	d. La capacité d'un récipient est de 2,060 millilitres. Convertis cela en litres.
e. Un hippopotame pèse 1,560,000 grammes. Convertis le poids de l'hippopotame en kilogrammes.	f. La distance était de 372,060 mètres. Convertis la distance en kilomètres.

Leçon 14:   Utiliser la multiplication de fractions et de décimales pour exprimer des mesures équivalentes.

EUREKA MATH

1. Un sac de cacahuètes est 5 fois plus lourd qu'un sac de graines de tournesol. Le sac de cacahuètes pèse 920 grammes de plus que le sac de graines de tournesol.

    a. Quel est le poids total en grammes du sac de cacahuètes et du sac de graines de tournesol ?

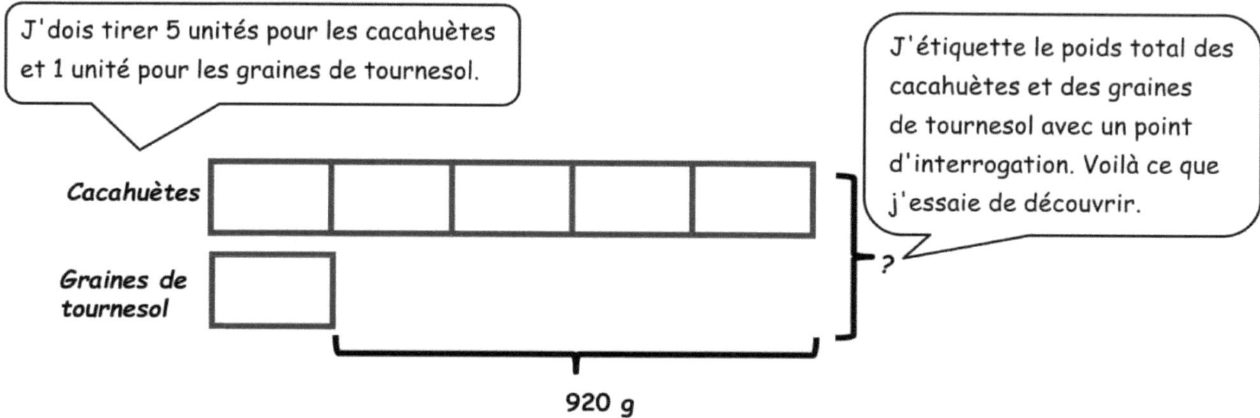

Puisque je sais que 4 unités sont égales à 920 grammes, je vais diviser 920 grammes par 4 pour trouver la valeur de 1 unité, ce qui équivaut à 230 grammes.

4 unités = 920 g

1 unité = 920 g ÷ 4

      = 230 g

Il y a un total de 6 unités entre les cacahuètes et les graines de tournesol. Je multiplie 6 fois 230 grammes pour obtenir un total de 1380 grammes.

6 unités = 6 × 230 g

     = 1,380 g

*Le poids total pour le sac de cacahuètes et le sac de graines de tournesol est de **1,380 grammes**.*

---

b. Exprime le poids total du sac de cacahuètes et du sac de graines de tournesol en kilogrammes.

$$1.380\ g = 1.380 \times (1g)$$
$$= 1\ 380 \times (0{,}001\ kg)$$
$$= 1{,}380\ kg$$

> 1 gramme est égal à 0,001 kilogramme. Je multiplie 1 380 fois 0,001 kilogramme pour se rendre compte que 1,38 kilogramme équivaut à 1 380 grammes.

Le poids total du sac de cacahuètes et du sac de graines de tournesol est de 1. 38 kilogrammes.

> 4 mètres BO centimètres est égal à 450 centimètres.

2. Gabriel coupe une ficelle de 4 mètres 50 centimètres en 9 morceaux égaux. Michael coupe une ficelle de 508 centimètres en 10 morceaux égaux. Combien de centimètres en plus un morceau de Michael mesure-t-il par rapport à un morceau de Gabriel ?

Gabriel: 450 cm ÷ 9 = 50 cm

> Chaque morceau de ficelle de Gabriel mesure 50 centimètres de long.

Michael: 508 cm ÷ 10 = 50,8 cm

> Chaque morceau de ficelle de Michael mesure 50,8 centimètres de long.

50,8 cm – 50 cm = 0,8 cm

> Je vais soustraire pour trouver la différence entre les ficelles de Michael et Gabriel.

Un des morceaux de ficelle de Michael est 0. 8 centimètres plus long que l'un des morceaux de Gabriel.

Leçon 15:   Résoudre des problèmes écrits à deux étapes comprenant des conversions de mesures.

EUREKA MATH

Nom _________________________________   Date _________________

Résous.

1. Tia coupe un câble de 4 mètres 8 centimètres en 10 morceaux égaux. Marta coupe un câble de 540 centimètres en 9 morceaux égaux. Combien de centimètres en plus un morceau de câble de Marta mesure-t-il par rapport à un de Tia ?

2. Jay a besoin de 19 quarts (qt) de peinture en plus pour l'extérieur de sa grange par rapport à l'intérieur. S'il utilise 107 quarts (qt) en tout, combien de gallons de peinture va-t-il utiliser pour l'intérieur de la grange ?

3. La ficelle A mesure 35 centimètres de long. La ficelle B est 5 fois plus longue que la ficelle A. Il faut utiliser les deux pour créer une bouteille décorative. Trouve la longueur totale de ficelle nécessaire pour faire 17 bouteilles décoratives identiques. Exprime ta réponse en mètres.

4. Un ananas est 7 fois plus lourd qu'une orange. L'ananas pèse aussi 870 grammes de plus que l'orange.

   a. Quel est le poids total en grammes de l'ananas et de l'orange ?

   b. Exprime le poids total de l'ananas et de l'orange en kilogrammes.

 Résoudre des problèmes écrits à deux étapes comprenant des conversions de mesures.

EUREKA MATH

1. Divise. Dessine des ronds de valeur de position pour montrer ton raisonnement pour (a).

    a. $400 \div 10 = \mathbf{40}$

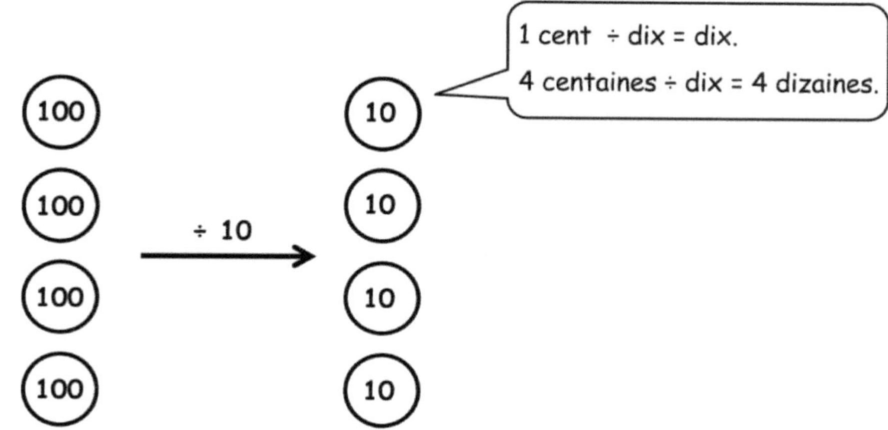

     b. $650{,}000 \div 100$

       $= \mathbf{6\ 500 \div 1}$

       $= \mathbf{6{,}500}$

> Je peux diviser le dividende et le diviseur par 100, donc je peux réécrire la phrase de division en 6 500 ÷ 1. La réponse est 6 500.

> Diviser par 40 équivaut à diviser par 10 puis à diviser par 4.

2. Divise.

     a. $240\ 000 \div 40$

       $= \mathbf{240{,}000 \div 10 \div 4}$

       $= \mathbf{24{,}000 \div 4}$

       $= \mathbf{6{,}000}$

> Je peux résoudre 240 000 ÷ 10 = 24 000. Ensuite, je peux me rendre compte que 24 000 ÷ 4 = 6 000.

> En forme d'unitaire, c'est 24 milliers ÷ 4 = 6 milliers.

b. $240\ 000 \div 400$

    $= 240{,}000 \div 100 \div 4$

    $= 2{,}400 \div 4$

    $= 600$

c. $240\ 000 \div 4\ 000$

    $= 240{,}000 \div 1{,}000 \div 4$

    $= 240 \div 4$

    $= 60$

Leçon 16:   Utiliser *les schémas de la division par 10* pour diviser des nombres entiers à plusieurs chiffres.

EUREKA
MATH

Nom _________________________________   Date _________________

1. Divise. Dessine des ronds de valeur de position pour montrer ton raisonnement pour (a) et (c). Tu peux dessiner des ronds sur ton tableau blanc personnel pour résoudre les autres problèmes si c'est nécessaire.

a. $300 \div 10$	b. $450 \div 10$
c. $18{,}000 \div 100$	d. $730{,}000 \div 100$
e. $900{,}000 \div 1{,}000$	f. $680{,}000 \div 1{,}000$

2. Divise. Le premier a été fait pour toi.

a. $18,000 \div 20$ $= 18,000 \div 10 \div 2$ $= 1,800 \div 2$ $= 900$	b. $18,000 \div 200$	c. $18,000 \div 2,000$
d. $420,000 \div 60$	e. $420,000 \div 600$	f. $420,000 \div 6,000$
g. $24,000 \div 30$	h. $560,000 \div 700$	i. $450,000 \div 9,000$

Leçon 16: Utiliser les schémas de la *division par 10* pour diviser des nombres entiers à plusieurs chiffres.

EUREKA MATH

3. Un stade peut accueillir 50,000 personnes. Le stade est divisé en 250 sections différentes. Combien de places y a-t-il dans chaque section ?

4. En un an, un semi-remorque parcourt 160,000 miles à travers l'Amérique.

    a. En supposant que le chauffeur change de pneus tous les 40,000 miles et qu'il commence avec des pneus neufs, combien de séries de pneus utilise-t-il en un an ?

    b. Si le chauffeur change d'huile tous les 10,000 miles et qu'il commence l'année avec de la nouvelle huile, combien de fois va-t-il changer d'huile en un an ?

Leçon 16: Utiliser les schémas de la *division par 10* pour diviser des nombres entiers à plusieurs chiffres.

1. Estime le quotient pour les problèmes suivants.

a. $612 \div 33$

   $\approx 600 \div 30$

   $= 20$

b. $735 \div 78$

   $\approx 720 \div 80$

   $= 9$

c. $821 \div 99$

   $\approx 800 \div 100$

   $= 8$

EUREKA MATH

Leçon 17: Utiliser des calculs simples pour se rapprocher des quotients avec diviseurs à deux chiffres.

2. Un boulanger a dépensé 989 $ pour acheter 48 livres (lb) de noix. Combien coûte chaque livre (lb) de noix ?

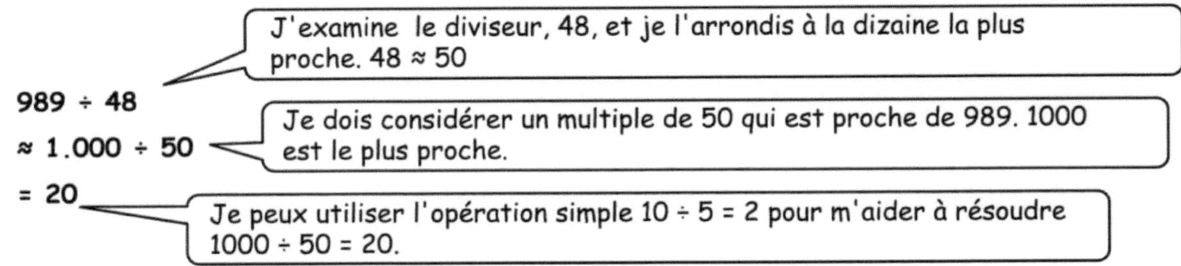

Chaque livre de noix coûte environ $20.

Leçon 17: Utiliser des calculs simples pour se rapprocher des quotients avec diviseurs à deux chiffres.

EUREKA MATH

Nom _______________________________   Date _______________________

1. Estime le quotient pour les problèmes suivants. Le premier a été fait pour toi.

a. $821 \div 41$ $\approx 800 \div 40$ $= 20$	b. $617 \div 23$ $\approx$ ________ $\div$ ________ $=$ ________	c. $821 \div 39$ $\approx$ ________ $\div$ ________ $=$ ________
d. $482 \div 52$ $\approx$ ________ $\div$ ________ $=$ ________	e. $531 \div 48$ $\approx$ ________ $\div$ ________ $=$ ________	f. $141 \div 73$ $\approx$ ________ $\div$ ________ $=$ ________
g. $476 \div 81$ $\approx$ ________ $\div$ ________ $=$ ________	h. $645 \div 69$ $\approx$ ________ $\div$ ________ $=$ ________	i. $599 \div 99$ $\approx$ ________ $\div$ ________ $=$ ________
j. $301 \div 26$ $\approx$ ________ $\div$ ________ $=$ ________	k. $729 \div 81$ $\approx$ ________ $\div$ ________ $=$ ________	l. $636 \div 25$ $\approx$ ________ $\div$ ________ $=$ ________
m. $835 \div 89$ $\approx$ ________ $\div$ ________ $=$ ________	n. $345 \div 72$ $\approx$ ________ $\div$ ________ $=$ ________	o. $559 \div 11$ $\approx$ ________ $\div$ ________ $=$ ________

EUREKA MATH®

Leçon 17: Utiliser des calculs simples pour se rapprocher des quotients avec diviseurs à deux chiffres.

159

2. Mme Johnson a dépensé 611 $ pour le repas de midi de 78 élèves. Si tous les repas de midi coûtaient le même prix, combien a-t-elle dépensé pour chaque repas ?

3. Un puits de pétrole produit 172 gallons (gal) de pétrole tous les jours. Un baril de pétrole standard contient 42 gallons (gal) de pétrole. Combien de barils un puits de pétrole produit-il en un jour ? Explique ton raisonnement.

Leçon 17:   Utiliser des calculs simples pour se rapprocher des quotients avec diviseurs à deux chiffres.

EUREKA
MATH

1. Estime les quotients pour les problèmes suivants.

a. $3{,}782 \div 23$

   $\approx 4{,}000 \div 20$

   $= 200$

b. $2{,}519 \div 43$

   $\approx 2{,}400 \div 40$

   $= 60$

c. $4{,}621 \div 94$

   $\approx 4{,}500 \div 90$

   $= 50$

Leçon 18:   Utiliser des calculs simples pour se rapprocher des quotients avec diviseurs à deux chiffres.

2.   Meilin a économisé 4,825 $. Si elle est payée 68 $ l'heure, combien d'heures a-t-elle travaillé ?

$4,825 \div 68$

$\approx 4,900 \div 70$

$= 70$

Meilin a travaillé environ 70 heures.

Leçon 18:   Utiliser des calculs simples pour se rapprocher des quotients avec diviseurs à deux chiffres.

EUREKA MATH

Nom _______________________________   Date _______________

1. Estime les quotients pour les problèmes suivants. Le premier a été fait pour toi.

a. $8\,328 \div 41$ $\approx 8\,000 \div 40$ $= 200$	b. $2\,109 \div 23$ $\approx$ _______ $\div$ _______ $=$ _______	c. $8\,215 \div 38$ $\approx$ _______ $\div$ _______ $=$ _______
d. $3\,861 \div 59$ $\approx$ _______ $\div$ _______ $=$ _______	e. $2\,899 \div 66$ $\approx$ _______ $\div$ _______ $=$ _______	f. $5\,576 \div 92$ $\approx$ _______ $\div$ _______ $=$ _______
g. $5\,086 \div 73$ $\approx$ _______ $\div$ _______ $=$ _______	h. $8\,432 \div 81$ $\approx$ _______ $\div$ _______ $=$ _______	i. $9\,032 \div 89$ $\approx$ _______ $\div$ _______ $=$ _______
j. $2\,759 \div 48$ $\approx$ _______ $\div$ _______ $=$ _______	k. $8\,194 \div 91$ $\approx$ _______ $\div$ _______ $=$ _______	l. $4\,368 \div 63$ $\approx$ _______ $\div$ _______ $=$ _______
m. $6\,537 \div 74$ $\approx$ _______ $\div$ _______ $=$ _______	n. $4\,998 \div 48$ $\approx$ _______ $\div$ _______ $=$ _______	o. $6\,106 \div 25$ $\approx$ _______ $\div$ _______ $=$ _______

EUREKA MATH®

Leçon 18:   Utiliser des calculs simples pour se rapprocher des quotients avec diviseurs à deux chiffres.

2. 91 boîtes de pommes contiennent un total de 2,605 pommes. En supposant que chaque boîte contient le même nombre de pommes, estime le nombre de pommes dans chaque boîte.

3. Un tigre sauvage peut manger jusqu'à 55 livres (lb) de viande en un jour. Combien de jours faudra-t-il au tigre pour manger les proies suivantes ?

Proie	Poids de la proie	Nombre de jours
Éland	1,754 livres (lb)	
Sanglier	661 livres (lb)	
Cerf axis	183 livres (lb)	
Buffle	2,322 livres (lb)	

Leçon 18:   Utiliser des calculs simples pour se rapprocher des quotients avec diviseurs à deux chiffres.

EUREKA MATH

1. Divise et ensuite vérifie.

a. $87 \div 40$

J'utilise la stratégie d'estimation de la leçon précédente pour m'aider à résoudre. 80 ÷ 40 = 2. Le quotient estimé est 2.

J'écris le reste de 7 ici à côté du quotient de 2.

Je vérifie ma réponse en multipliant le diviseur de 40 par le quotient de 2, puis j'ajoute le reste de 7.

```
        2   R 7
40 | 8 7
  −   8 0
        7
```

2 groupes de 40 est égal à 80.

La différence entre 87 et 80 est de 7.

Vérifie :

$40 \times 2 = 80$

$80 + 7 = 87$

Ce 87 correspond au dividende d'origine du problème, ce qui signifie que j'ai correctement divisé. Le quotient est 2 avec un reste de 7.

b. $451 \div 70$

J'estime pour trouver le quotient. 420 ÷ 70 = 6

Le quotient est 6 avec un reste de 31.

Après vérification, je constate que 451 correspond au dividende d'origine du problème.

```
          6   R 31
70 | 4 5 1
  −   4 2 0
          3 1
```

Vérifie :

$70 \times 6 = 420$

$420 + 31 = 451$

Le quotient est 6 avec un reste de 31.

2. Combien de groupes de trente y a-t-il dans deux cent vingt-quatre ?

$$\begin{array}{r} 7 \quad R\,14 \\ 30\,\overline{)\,2\ 2\ 4} \\ -\ \ 2\ 1\ 0 \\ \hline 1\ 4 \end{array}$$

Il y a 7 groupes de trente dans deux cent vingt-quatre.

Leçon 19: Divide two- and three-digit dividends by multiples of 10 with single-digit quotients, and make connections to a written method.

EUREKA
MATH

Nom _______________________________________   Date _______________________

1. Divise et ensuite vérifie en utilisant la multiplication. Le premier a été fait pour toi.

a. $71 \div 20$

$$\begin{array}{r} 3 \quad \text{R}\,11 \\ 20\,\overline{)71} \\ -\,60 \\ \hline 11 \end{array}$$

Vérifie :

$20 \times 3 = 60$

$60 + 11 = 71$

b. $90 \div 40$

c. $95 \div 60$

d. $280 \div 30$

e. $437 \div 60$

f. $346 \div 80$

2. Un nombre divisé par 40 a un quotient de 6 et un reste de 16. Trouve le nombre.

3. 288 rames de papier ont été livrées. Chacune des 30 classes a reçu le même nombre de rames de papier. Toute rame supplémentaire a été stockée. Après la distribution du papier aux classes, combien de rames de papier ont été stockées ?

4. Combien de groupes de soixante y a-t-il dans deux cent quarante-quatre ?

     Leçon 19:   Diviser des dividendes à deux ou trois chiffres par des diviseurs à deux chiffres avec des quotients à un chiffre et faire des liens avec une méthode écrite.

EUREKA MATH

1. Divise. Ensuite, vérifie avec la multiplication.

a. $48 \div 21$

> Je fais une estimation mentale rapide pour trouver le quotient. 40 ÷ 20 = 2

> Le quotient réel est 2 avec un reste de 6.

$$21 \overline{)\begin{array}{r} 2 \quad R\,6 \\ 4\ 8 \\ -\ 4\ 2 \\ \hline 6 \end{array}}$$

> Je vérifierai ma réponse en multipliant le diviseur et le quotient, 21 x 2. Ensuite, j'ajouterai le reste de 6.

Vérifie :

$$\begin{array}{r} 2\ 1 \\ \times\quad 2 \\ \hline 4\ 2 \end{array} \qquad \begin{array}{r} 4\ 2 \\ +\quad 6 \\ \hline 4\ 8 \end{array}$$

> Ce 48 correspond au dividende d'origine du problème, ce qui signifie que j'ai correctement divisé. Le quotient est 2 avec un reste de 6.

b. $79 \div 38$

> Je fais une estimation mentale rapide pour trouver le quotient. 80 ÷ 40 = 2

> Le quotient réel est 2 avec un reste de 3.

$$38 \overline{)\begin{array}{r} 2 \quad R\,3 \\ 7\ 9 \\ -\ 7\ 6 \\ \hline 3 \end{array}}$$

Vérifie :

$$\begin{array}{r} 3\ 8 \\ \times\quad 2 \\ \hline 7\ 6 \end{array} \qquad \begin{array}{r} 7\ 6 \\ +\quad 3 \\ \hline 7\ 9 \end{array}$$

> Après vérification, je constate que 79 correspond au dividende d'origine.

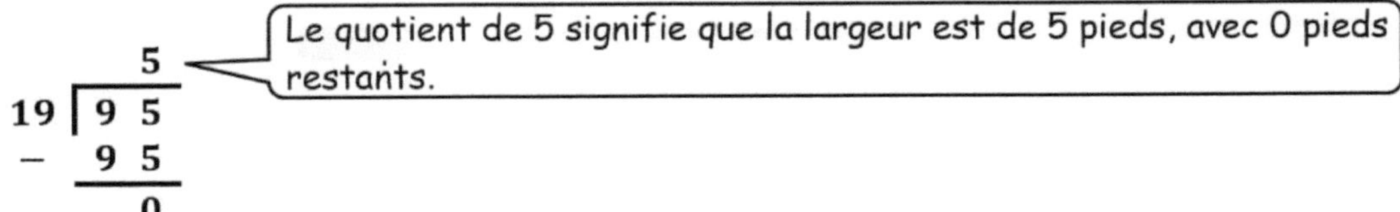

2. A rectangular 95-square-foot vegetable garden has a length of 19 feet. What is the width of the vegetable garden?

$95 \div 19 = 5$

$$\begin{array}{r} 5 \\ 19 \overline{)\,9\ 5} \\ -\ \ 9\ 5 \\ \hline 0 \end{array}$$

The width of the vegetable garden is 5 feet.

3. Un nombre divisé par 40 a un quotient de 6 et un reste de 16. Trouve le nombre.

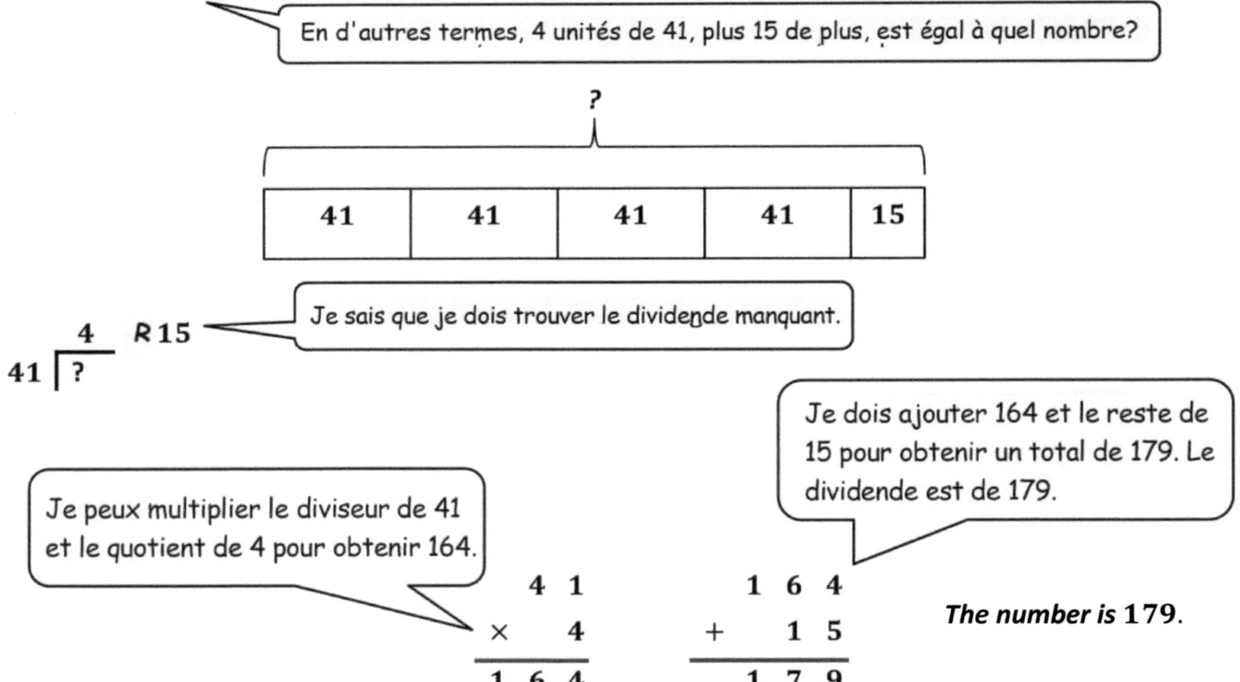

The number is 179.

Leçon 20: Diviser des dividendes à deux ou trois chiffres par des multiples de 10 avec des quotients à un chiffre et faire des liens avec une méthode écrite.

Nom ____ Date _____________________

1. Divise. Ensuite, vérifie avec la multiplication. Le premier a été fait pour toi.

a. $72 \div 31$

```
        2 R 10
31 | 7 2
  -  6 2
     1 0
```

Vérifie :

$31 \times 2 = 62$

$62 + 10 = 72$

b. $89 \div 21$

c. $94 \div 33$

d. $67 \div 19$

e. $79 \div 25$

f. $83 \div 21$

2. Une salle de bain de 91 pieds carrés (sq ft) a une longueur de 13 pieds (ft).
   Quelle est la largeur de la salle de bain ?

3. En préparant une conférence matinale, le principal Corsetti dispose 8 douzaines de bagels sur des plateaux carrés. Chaque plateau peut contenir 14 bagels.

   a. Combien de plateaux de bagels M. Corsetti aura-t-il ?

   b. De combien de bagels a-t-il encore besoin pour remplir le dernier plateau ?

Leçon 20: Diviser des dividendes à deux ou trois chiffres par des diviseurs à deux chiffres avec des quotients à un chiffre et faire des liens avec une méthode écrite.

EUREKA
MATH

1. Divise. Ensuite, vérifie avec la multiplication.

a. $235 \div 68$

> Je peux trouver le quotient estimé puis diviser en utilisant l'algorithme de division longue.

> Je peux estimer pour trouver le quotient. 210 ÷ 70 = 3

> Je vais utiliser le quotient de 3. 3 groupes de 68 est 204, et la différence entre 235 et 204 est 31. Le reste est 31.

```
            3  R 31
  68 | 2 3 5
     - 2 0 4
         3 1
```

Vérifie :

```
        6 8            2 0 4
    ×     3        +     3 1
    ─────────      ─────────
      2 0 4          2 3 5
```

> Après vérification, je constate que 235 correspond au dividende d'origine du problème.

b. $125 \div 32$

> J'estime pour trouver le quotient. 120 ÷ 30 = 4. Par conséquent, il devrait y avoir environ 4 unités de 32 sur 125.

> Lorsque j'utilise le quotient estimé de 4, je constate que 4 groupes de 32 font 128. 128 est plus que le dividende initial de 125. Cela signifie que j'ai surestimé. Le quotient de 4 est trop élevé.

```
           4                      3  R 29
  32 | 1 2 5             32 | 1 2 5
     - 1 2 8                 -   9 6
           ?                     2 9
```

> Puisque le quotient de 4 est trop, j'essaierai 3 comme quotient. 3 groupes de 32 est 96. La différence entre 125 et 96 est de 29. Le reste est 29

> Le quotient réel est 3 avec un reste de 29.

EUREKA MATH®

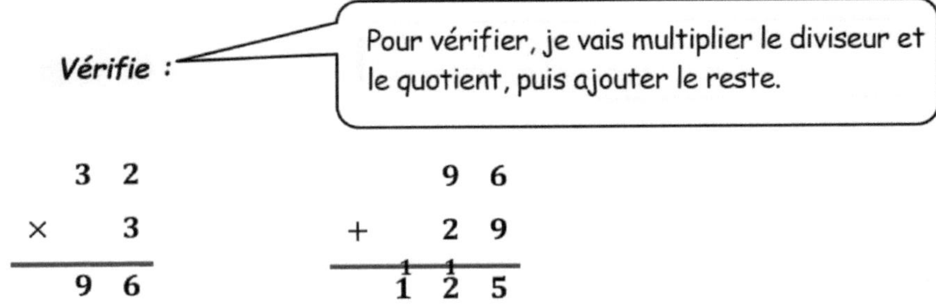

2. How many forty-nines are in one hundred fifty-nine?

Il y a 3 groupes de quarante-neuf dans 159.

Leçon 21:   Diviser des dividendes à deux ou trois chiffres par des diviseurs à deux chiffres avec des quotients à un chiffre et faire des liens avec une méthode écrite.

EUREKA MATH

Nom _________________________________   Date _______________________

1. Divise. Ensuite, vérifie avec la multiplication.

   a. $129 \div 21$

   ```
              6 R 3
       21 | 1 2 9
          - 1 2 6
              3
   ```

   Vérifie :

   $21 \times 6 = 126$

   $126 + 3 = 129$

   b. $158 \div 37$

   c. $261 \div 49$

   d. $574 \div 82$

Lesson 21: Diviser des dividendes à deux ou trois chiffres par des multiples de 10 avec des quotients à un chiffre et faire des liens avec une méthode écrite.

175

e. $464 \div 58$

f. $640 \div 79$

2. Juwan met exactement 35 minutes en voiture pour aller chez sa grand-mère. Le parking le plus proche se situe à 4 minutes de marche de l'appartement de sa grand-mère.Une semaine, il se rend compte qu'il a passé 5 heures et 12 minutes à faire les trajets jusque chez sa grand-mère et puis jusque chez lui. Combien de trajets aller-retour a-t-il faits pour rendre visite à sa grand-mère ?

3. Combien de quatre-vingt-quatre y a-t-il dans 672 ?

Lesson 21:   Diviser des dividendes à deux ou trois chiffres par des diviseurs à deux chiffres avec des quotients à un chiffre et faire des liens avec une méthode écrite.

EUREKA MATH

1. Divise. Ensuite, vérifie avec la multiplication.

   a. $874 \div 41$

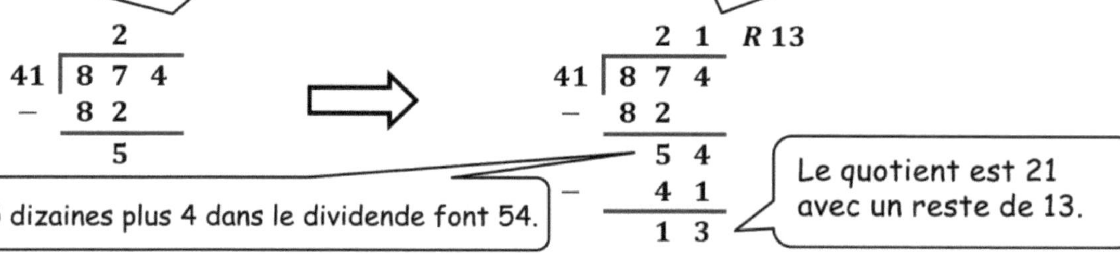

Vérifie :

   b. $703 \div 29$

EUREKA MATH®

Vérifie :

$$
\begin{array}{r}
2\ 4 \\
\times\ 2\ 9 \\
\hline
2\ 1\ 6 \\
+\ 4\ 8\ 0 \\
\hline
6\ 9\ 6
\end{array}
$$

$$
\begin{array}{r}
6\ 9\ 6 \\
+\ \ \ 0\ 7 \\
\hline
7\ 0\ 3
\end{array}
$$

2. 31 élèves vendent des cupcakes. Il y a 167 cupcakes à partager de manière égale entre les élèves.

  a. Combien de cupcakes restent-ils après les avoir partagés de manière égale ?

$$
\begin{array}{r}
5\ \ R\ 12 \\
31\,\overline{)1\ 6\ 7} \\
-\ \ 1\ 5\ 5 \\
\hline
1\ 2
\end{array}
$$

Il reste 12 cupcakes après les avoir partagés de manière égale.

  b. Si chaque élève a besoin de 6 cupcakes pour les vendre, combien de cupcakes supplémentaires sont nécessaires ?

$$
\begin{array}{r}
3\ 1 \\
\times\ \ \ 6 \\
\hline
1\ 8\ 6
\end{array}
$$

$$
\begin{array}{r}
7\ \ 16 \\
1\ 8\ 6 \\
-\ 1\ 6\ 7 \\
\hline
1\ 9
\end{array}
$$

19 plus de cupcakes sont nécessaires.

Leçon 22: Divide three- and four-digit dividends by two-digit divisors resulting in two- and three-digit quotients, reasoning about the decomposition of successive remainders in each place value.

EUREKA MATH

Nom _______________________________________   Date _______________________

1. Divise. Ensuite, vérifie avec la multiplication.

   a. $487 \div 21$

$$
\begin{array}{r}
2\ 3\ \text{R}\,4 \\
21\ \overline{)\ 4\ 8\ 7} \\
-\ \ 4\ 2 \\
\hline
6\ 7 \\
-\ 6\ 3 \\
\hline
4
\end{array}
$$

   Vérifie :

   $21 \times 23 = 483$

   $483 + 4 = 487$

   b. $485 \div 15$

   c. $700 \div 21$

   d. $399 \div 31$

e. $820 \div 42$

f. $908 \div 56$

2.   En divisant 878 par 31, un élève trouve un quotient de 28 avec un reste de 11. Vérifie le calcul de l'élève et utilise la vérification pour trouver l'erreur dans la solution.

3.   Un pâtissier va disposer 432 desserts en rangées de 28. Le pâtissier divise 432 par 28 et obtient un quotient de 15 avec un reste de 12. Explique ce que le quotient et le reste représentent.

Leçon 22:   Diviser des dividendes à trois et quatre chiffres par des diviseurs à deux chiffres donnant des quotients à deux et trois chiffres, en réfléchissant à la décomposition des restes successifs dans chaque valeur de position.

EUREKA
MATH

1. Divise. Ensuite, vérifie avec la multiplication.

   a. $4,753 \div 22$

> J'examine le dividende de 4 753 et je l'estime. 40 centaines ÷ 20 = 2 centaines ou 4000 ÷ 20 = 200. J'en enregistre 2 à la place des centaines. Il y a un reste de 3 centaines.

> J'examine 35 dizaines et j'évalue 20 dizaines ÷ 20 = 1 dix, ou 200 ÷ 20 = 10. J'enregistre 1 à la place des dizaines. Il y a un reste de 13 dizaines.

> J' examine 133 unités et j'en estime 120 ÷ 20 = 6, ou 120 ÷ 20 = 6. J'enregistre 6 à la place des unités. Il y a un reste de 1.

```
        2                          2  1                       2  1  6  R 1
22 | 4, 7  5  3            22 | 4, 7  5  3            22 | 4, 7  5  3
 -    4  4                   -    4  4                   -    4  4
     ─────                       ─────                       ─────
        3                          3  5                       3  5
                                -  2  2                    -  2  2
                                   ─────                       ─────
                                   1  3                       1  3  3
                                                           -  1  3  2
                                                              ─────
                                                                 1
```

> Je vérifie ma réponse en multipliant le quotient et le diviseur, 216 x 22, puis j'ajoute le reste de 1.

Vérifie :

```
      2  1  6              4, 7  5  2
   ×     2  2           +           1
   ─────────            ─────────────
      4  3  2              4, 7  5  3
   + 4  3  2  0
   ─────────
      4, 7  5  2
```

> Après vérification, j'obtiens 4 753, ce qui correspond au dividende d'origine. Je sais donc que je l'ai correctement résolu.

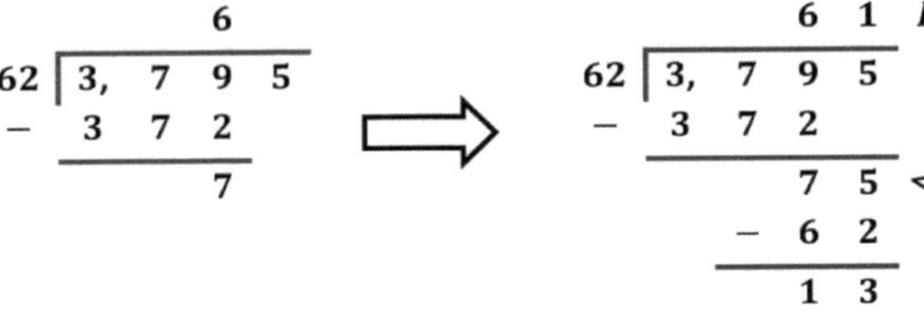

b. $3{,}795 \div 62$

$$\begin{array}{r} 6 \\ 62\,\overline{\smash{\big)}\,3{,}795} \\ -372 \\ \hline 7 \end{array} \qquad\Rightarrow\qquad \begin{array}{r} 61 \quad R\,13 \\ 62\,\overline{\smash{\big)}\,3{,}795} \\ -372 \\ \hline 75 \\ -62 \\ \hline 13 \end{array}$$

Vérifie :

$$\begin{array}{r} 61 \\ \times\ 62 \\ \hline 122 \\ +\ 3660 \\ \hline 3{,}782 \end{array} \qquad \begin{array}{r} 3{,}782 \\ +13 \\ \hline 3{,}795 \end{array}$$

2.   1,292 ballons ont été distribué de manière égale entre 38 élèves. Combien de ballons chaque élève a-t-il reçus ?

$$\begin{array}{r} 34 \\ 38\,\overline{\smash{\big)}\,1{,}292} \\ -114 \\ \hline 152 \\ -152 \\ \hline 0 \end{array}$$

Chaque élève a reçu 34 ballons.

Leçon 23:   Divide three- and four-digit dividends by two-digit divisors resulting in two- and three-digit quotients, reasoning about the decomposition of successive remainders in each place value.

EUREKA MATH

Nom _________________________________   Date _____________________

1. Divise. Ensuite, vérifie avec la multiplication.

    a. $9\,962 \div 41$ b. $1\,495 \div 45$

    c. $6\,691 \div 28$ d. $2\,625 \div 32$

    e. $2\,409 \div 19$ f. $5\,821 \div 62$

2. Un rassemblement politique en Amérique du Sud a rassemblé 7,910 personnes. Les 14 pays d'Amérique du Sud étaient représentés de manière égale. Combien de représentants de chaque pays y avait-il ?

3. Une entreprise de bonbons emballe son caramel dans des récipients d'une contenance de 32 onces (oz). Dans le dernier lot, 1,848 onces fluides (fl oz) de caramel ont été fabriquées. Combien de récipients ont été nécessaires pour ce lot ?

Leçon 23: Diviser des dividendes à trois et quatre chiffres par des diviseurs à deux chiffres donnant des quotients à deux et trois chiffres, en réfléchissant à la décomposition des restes successifs dans chaque valeur de position.

EUREKA MATH

1. Divise.

    a. $3.5 \div 7 = \mathbf{0.5}$

> Je peux utiliser l'opération de base de 35 ÷ 7 = 5 pour m'aider à résoudre ce problème. 3,5 est de 35 dixièmes. 35 dixièmes ÷ 7 = 5 dixièmes, ou 0,5.

> Diviser par 70 équivaut à diviser par 10, puis à diviser par 7.

    b. $3.5 \div 70 = \mathbf{3.5 \div 10 \div 7}$
                    $= \mathbf{0.35 \div 7}$
                    $= \mathbf{0.05}$

> 35 dixièmes ÷ 10 = 35 centièmes, ou 0,35.

> 35 centièmes ÷ 7 = 5 centièmes, ou 0,05.

    c. $4.84 \div 2 = \mathbf{2.42}$

> 4,84 = 4 unités + 8 dixièmes + 4 centièmes.
> 4 unités ÷ 2 = 2 unités, ou 2.
> 8 dixièmes ÷ 2 = 4 dixièmes, soit 0,4.
> 4 centièmes ÷ 2 = 2 centièmes, ou 0,02.
> La réponse est 2 + 0,4 + 0,02 = 2,42.

> Diviser par 200 équivaut à diviser par 100 puis à diviser par 2. Ou je peux en réfléchir à diviser par 2 puis diviser par 100.

    d. $48.4 \div 200 = \mathbf{48.4 \div 2 \div 100}$
                     $= \mathbf{24.2 \div 100}$
                     $= \mathbf{0.242}$

> 48 ÷ 2 = 24
> 4 dixièmes ÷ 2 = 2 dixièmes or 0.2.
> Donc, 48,4 ÷ 2 = 24,2.

> Je peux visualiser un tableau de valeur de position. Lorsque je divise par 100, chaque chiffre se décale de 2 places vers la droite.

2. Utilise le raisonnement sur la valeur de position et le premier quotient pour calculer le deuxième quotient. Utilise la valeur de position pour expliquer comment tu as placé le point décimal.

a. 15.6 ÷ 60 = **0.26**

> Le dividende, 15,6, est le même dans les deux phrases numériques.

> J'examine les diviseurs dans les deux expressions numériques. Ils sont respectivement 60 et 6. 60 est 10 fois aussi grand que 6.

15.6 ÷ 6 = **2.6**

> Je sais que le quotient dans ce problème doit être 10 fois aussi grand que 0,26, du problème ci-dessus. La réponse est 26 centièmes x 10 = 26 dixièmes,

Il y a 10 fois moins de groupes, donc il doit y en avoir 10 de plus dans chaque groupe.

b. 0.72 ÷ 4 = **0.18**

> Le dividende, 0,72, est le même dans les deux expressions numériques.

> J'examine les diviseurs dans les deux expressions numériques. Ils sont respectivement 4 et 40. 4 est 10 fois inférieur que 40.

0.72 ÷ 40 = **0.018**

> Je sais que le quotient dans ce problème doit être 10 fois inférieur que 0,18, du problème ci-dessus. La réponse est 18 centièmes ÷ 10 = 18 millièmes, soit 0,018.

Au lieu de 4 groupes, il y a 40 groupes. C'est 10 fois plus de groupes, donc il doit y en avoir 10 fois moins dans chaque groupe.

Leçon 24:   Diviser des dividendes décimaux par des multiples de 10, en réfléchissant sur la place du point de la décimale et en faisant des liens à une méthode écrite.

EUREKA MATH

Nom _________________________________   Date _______________________

1. Divise. Montre toutes les deux phrases de division en deux étapes. Les deux premières ont été faits pour toi.

   a. $1.8 \div 6 = 0.3$

   b. $1.8 \div 60 = (1.8 \div 6) \div 10 = 0.3 \div 10 = 0.03$

   c. $2.4 \div 8 =$ _________________

   d. $2.4 \div 80 =$ _________________

   e. $14.6 \div 2 =$ _________________

   f. $14.6 \div 20 =$ _________________

   g. $0.8 \div 4 =$ _________________

   h. $80 \div 400 =$ _________________

   i. $0.56 \div 7 =$ _________________

   j. $0.56 \div 70 =$ _________________

   k. $9.45 \div 9 =$ _________________

   l. $9.45 \div 900 =$ _________________

2. Utilise le raisonnement sur la valeur de position et le premier quotient pour calculer le deuxième quotient. Utilise la valeur de position pour expliquer comment tu as placé le point décimal.

a. $65.6 \div 80 = 0.82$

   $65.6 \div 8 = $ ___________

b. $2.5. \div 50 = 0.05$

   $2.5 \div 5 = $ ___________

c. $19.2 \div 40 = 0.48$

   $19.2 \div 4 = $ ___________

d. $39.6 \div 6 = 6.6$

   $39.6 \div 60 = $ ___________

Leçon 24: Diviser des dividendes décimaux par des multiples de 10, en réfléchissant sur la place du point de la décimale et en faisant des liens à une méthode écrite.

EUREKA MATH

3. Chris a roulé en vélo sur la même route tous les jours pendant 60 jours. Il a noté qu'il avait parcouru exactement 127.8 miles.

   a. Combien de miles a-t-il roulé par jour ? Montre ton raisonnement pour expliquer comment tu le sais.

   b. Combien de miles a-t-il parcourus sur une période de deux semaines ?

4. 2.1 litres de café ont été répartis de manière égale dans 30 tasses. Combien de millilitres de café y avait-il dans chaque tasse ?

1. Estime les quotients.

J'examine le diviseur, 72, et je l'arrondis à la dizaine la plus proche. 72 ≈ 70

a. $5.68 \div 72$

Je peux songer au dividende comme à 568 centièmes. 560 est proche de 568 et un multiple de 70, donc je peux arrondir 568 centièmes à 560 centièmes.

≈ **560 centièmes ÷ 70**

= **560 centièmes ÷ 10 ÷ 7**

= **56 centièmes ÷ 7**

Diviser par 70 équivaut à diviser par 10, puis à diviser par 7.

= **8 centièmes**

= **0.08**

L'opération de base 56 ÷ 7 = 8 m'aide à résoudre ce problème.

J'examine le diviseur, 41, et je l'arrondis à la dizaine la plus proche. 41 ≈ 40

b. $9.14 \div 41$

Je rapprocherai le dividende, 9,14, à 8. Je vais utiliser l'opération de base, 8 ÷ 4 = 2, pour m'aider à résoudre ce problème.

≈ **8 ÷ 40**

= **8 ÷ 4 ÷ 10**

Diviser par 40 équivaut à diviser par 4 puis à diviser par 10.

= **2 ÷ 10**

= **0.2**

Je peux visualiser un tableau de valeur de position. La division par 10 déplace le chiffre, 2, d'une place vers la droite.

Leçon 25:   Utiliser des calculs simples pour se rapprocher des quotients décimaux avec diviseurs à deux chiffres, en réfléchissant à la place du point décimal.   **191**

2. Estime le quotient dans (a). Utilise ton estimation du quotient pour estimer (b) et (c).

$18 \approx 20$

a. $5.29 \div 18$

   $\approx 6 \div 20$

   $= 6 \div 2 \div 10$

   $= 3 \div 10$

   $= 0.3$

b. $529 \div 18$

   $\approx 600 \div 20$

   $= 60 \div 2$

   $= 30$

c. $52.9 \div 18$

   $\approx 60 \div 20$

   $= 6 \div 2$

   $= 3$

Leçon 25:   Utiliser des calculs simples pour se rapprocher des quotients décimaux avec diviseurs à deux chiffres, en réfléchissant à la place du point décimal.

Copyright © Great Minds PBC

EUREKA MATH

Nom ____   Date _______________________

1. Estime les quotients.

    a. $3.53 \div 51 \approx$

    b. $24.2 \div 42 \approx$

    c. $9.13 \div 23 \approx$

    d. $79.2 \div 39 \approx$

    e. $7.19 \div 58 \approx$

2. Estime le quotient dans (a). Utilise ton estimation du quotient pour estimer (b) et (c).

    a. $9.13 \div 42 \approx$

    b. $913 \div 42 \approx$

    c. $91.3 \div 42 \approx$

Leçon 25:   Utiliser des calculs simples pour se rapprocher des quotients décimaux avec diviseurs à deux chiffres, en réfléchissant à la place du point décimal.

3. Mme Huynh a acheté un sachet de 3 douzaines de petits animaux comme cadeaux pour la fêted'anniversaire de son fils. Le sachet de petits animaux coûte 28.97 $. Estime le prix de chaque animal.

4. Carter a bu 15.75 gallons (gal) d'eau en 4 semaines. Il a bu la même quantité d'eau tous les jours.

    a. Estime combien de gallons (gal) il a bu en un jour.

    b. Estime combien de gallons (gal) il a bu en une semaine.

    c. Environ combien de jours lui faudra-t-il pour boire 20 gallons (gal) ?

Leçon 25: Utiliser des calculs simples pour se rapprocher des quotients décimaux avec diviseurs à deux chiffres, en réfléchissant à la place du point décimal.

EUREKA MATH

1. Divise. Ensuite, vérifie tes calculs avec la multiplication.

   a. $48.07 \div 19 = \mathbf{2.53}$

```
        2.                        2. 5                       2. 5 3
 19 | 4  8. 0  7          19 | 4  8. 0  7           19 | 4  8. 0  7
  -  3  8                  -  3  8                    -  3  8
    ─────                    ─────                      ─────
     1  0                     1  0  0                    1  0  0
                          -      9  5                 -      9  5
                                ─────                      ─────
                                   5                        5  7
                                                       -    5  7
                                                          ─────
                                                             0
```

Vérifie : Je vérifierai ma réponse en multipliant le quotient et le diviseur, 2,53 × 19.

```
      2. 5 3
    ×     1 9
    ─────────
    2 2 7 7
  + 2 5 3 0
  ─────────
    4 8. 0 7
```

Après vérification, j'obtiens 48,07, ce qui correspond au dividende d'origine. Je sais donc que je l'ai correctement résolu.

b. $122.4 \div 51$

```
        2.                              2. 4
51 | 1  2  2. 4                 51 | 1  2  2. 4
 -   1  0  2                     -   1  0  2
    ___________                     ___________
        2  0                            2  0  4
                                    -   2  0  4
                                       ___________
                                            0
```


Vérifie :

```
        5  1
    ×      2. 4
    ___________
        2  0  4
+   1  0  2  0
    ___________
    1  2  2. 4
```

2.   Le poids de 42 petits soldats identiques est de 109.2 grammes. Quel est le poids de chaque soldat ?

```
            2. 6
42 | 1  0  9. 2
 -      8  4
    ___________
        2  5  2
 -      2  5  2
    ___________
            0
```


Chaque soldat pèse 2. 6 grammes.

Leçon 26:   Diviser des dividendes décimaux par des diviseurs à deux chiffres, estimer les quotients, en réfléchissant à la place du point décimal et en faisant des liens avec une méthode écrite.

EUREKA MATH

Nom _______________________________   Date _______________

1. Crée deux problèmes de division à nombre entier qui ont un quotient de 9 et un reste de 5. Justifie lequel est le plus grand en utilisant la division décimale.

2. Divise. Ensuite, vérifie tes calculs avec la multiplication.

   a. $75.9 \div 22$

   b. $97.28 \div 19$

   c. $77.14 \div 38$

   d. $12.18 \div 29$

Leçon 26:   Diviser des dividendes décimaux par des diviseurs à deux chiffres, estimer les quotients, en réfléchissant à la place du point décimal et en faisant des liens avec une méthode écrite.

3. Divise.

   a. $97.58 \div 34$ b. $55.35 \div 45$

4. Utilise les équations à gauche pour résoudre les problèmes à droite. Explique comment tu as décidé de placer le point décimal dans le quotient.

   a. $520.3 \div 43 = 12.1$ $52.03 \div 43 = $ _______________

   b. $19.08 \div 36 = 0.53$ $190.8 \div 36 = $ _______________

EUREKA MATH®

5.   Tu peux chercher des informations sur les plus grands bâtiments du monde sur
http://www.infoplease.com/ipa/A0001338.html.

    a.   L'Aon Centre à Chicago, Illinois, est l'un des plus grands bâtiments du monde . Construit en 1973, il fait 1,136 pieds (ft) de haut et compte 80 étages. Si tous les étages sont de la même hauteur, quelle est la hauteur de chaque étage ?

    b.   Le Burj al Arab Hotel, un autre des plusgrands bâtimentgs du monde, a été achevé en 1999. Situé à Dubaï, il mesure 1,053 pieds (ft) de haut et compte 60 étages. Si tous les étages sont de la même hauteur, quelle est la différence de hauteur de chaque étage par rapport aux étages du Aon Center?

1. Divise. Vérifie tes calculs avec la multiplication.

    $6.3 \div 18$

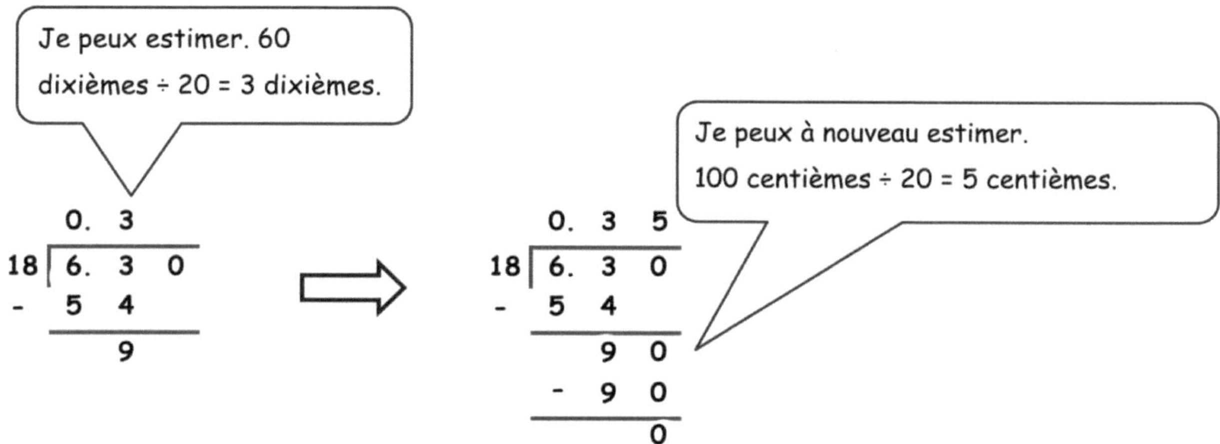

2. 43.4 kilogrammes de raisins secs ont été placés dans des 31 paquets de poids identiques. Quel est le poids d'un des paquets de raisins secs ?

Je peux utiliser la division 43,4 ÷ 31 pour trouver le poids d'un paquet.

43,4 kilogrammes divisés par 31 équivalent à 1,4 kilogramme.

$$\begin{array}{r} 1.\;4 \\ \hline 31\,|\;4\;\;3.\;\;4 \\ -\;\;\;3\;\;1 \\ \hline 1\;\;2\;\;4 \\ -\;\;1\;\;2\;\;4 \\ \hline 0 \end{array}$$

Le poids d'un paquet de raisins secs est 1.4 kilogrammes.

Le quotient est raisonnable. Vu que le dividende, 43,4, est juste légèrement supérieur au diviseur, 31, un quotient de 1,4 est logique.

Leçon 27: Diviser des dividendes décimaux par des diviseurs à deux chiffres, estimer les quotients,en réfléchissant à la place du point décimal et en faisant des liens avec une méthode écrite.

EUREKA MATH

Nom _______________________________________　　Date _______________________

1.　Divise. Vérifie tes calculs avec la multiplication.

　　a.　$7 \div 28$　　　　　　　　b.　$51 \div 25$　　　　　　　　c.　$6.5 \div 13$

　　d.　$132.16 \div 16$　　　　　　e.　$561.68 \div 28$　　　　　f.　$604.8 \div 36$

2.　Au cours de science, des élèves arrosent une plante avec la même quantité d' eautous les jurs pendant 28 jours consécutifs. Si les élèves utilisent un total de 23.8 litres d'eau pour les 28 jours, combien de litres d'eau ont-ils utilisés chaque jour ? Combien de millilitres ont-ils utilisés chaque jour ?

3. Une couturière a un morceau de tissu de 3 yards (yd) de long. Elle le découpe en morceaux plus petits de 16 pouces (in) chacun. Combien de morceaux plus petits peut-elle découper ?

4. Jenny a rempli 12 cruches avec la même quantité de limonade. La quantité totale de limonade dans les 12 cruches était de 41.4 litres. Combien de litres de limonade y aurait-il dans 7 cruches ?

Leçon 27:   Diviser des dividendes décimaux par des diviseurs à deux chiffres, estimer les quotients, en réfléchissant à la place du point décimal et en faisant des liens avec une méthode écrite.

EUREKA MATH

1. Juanita économise pour une nouvelle télévision qui coûte 931 $. Elle a déjà épargné la moitié. Juanita gagne 19.00 $ à l'heure. Combien d'heures Juanita doit-elle travailler pour économiser le reste de l'argent ?

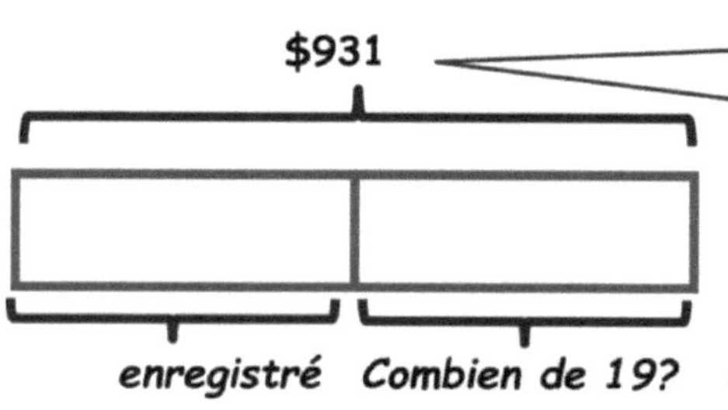

$931 ÷ 2 = $465.5

Puisque Juanita a déjà économisé la moitié de l'argent, je vais utiliser 931 $ divisés par 2 pour trouver combien il lui reste à économiser.

Juanita a déjà économisé 465,50 $ et devra économiser 465,50 $ de plus.

$465.5 ÷ $19 = 24.5

Puisque Juanita gagne 19 $ de l'heure, je vais utiliser 465,50 $ divisé par 19 $ pour trouver combien d'heures supplémentaires elle devra travailler.

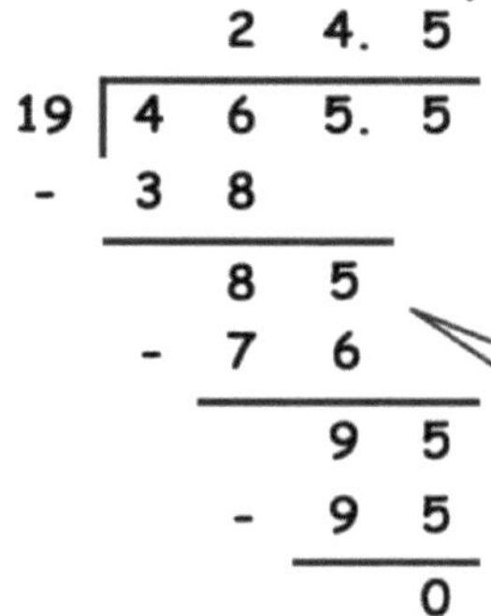

Juanita doit travailler 24. 5 heures supplémentaires.

2. Timmy a une collection de 1,008 cartes de baseball. Il espère vendre sa collection par paquets de 48 cartes et gagner 178.50 $ quand il aura vendu tous les paquets. Si tous les paquets coûtent le même prix, Combien Timmy devrait-il vendre chaque paquet ?

J'dois trouver combien de paquets de cartes de baseball Timmy possède en divisant 1 008 ÷ 48. Ensuite, je peux trouver combien Timmy devrait facturer par paquet.

1,008 ÷ 48 = 21

Timmy aura 21 paquets de cartes de baseball. Timmy aura 21 paquets de cartes de baseball.

Je peux estimer.
100 dizaines ÷ 50 = 2 dizaines.

Je peux estimer.
100 dizaines ÷ 50 = 2 dizaines.

$178.50 ÷ 21 = $8.50

Le prix de chaque paquet de cartes doit être de 8,50 $.

Timmy devrait facturer 8,50 $ par paquet.

         Leçon 28:   Résoudre des énoncés de division intégrant des divisions à plusieurs chiffres avec une taille de groupe inconnue et le nombre de groupes inconnu.

EUREKA MATH

Nom ____   Date _____________________

1. M. Rice doit remplacer les 166.25 ft de bordure des parterres de fleurs dans son jardin. La bordure est vendue par morceaux de 19 ft de longueur. Combien de morceaux de bordure M. Rice doit-il acheter ?

2. Olivia fait des barres de granola. Elle va utiliser 17.9 onces (oz) de pistaches, 12.6 onces (oz) d'amandes, 12.5 onces (oz) de noix et 12.5 onces (oz) de noix de cajou. Avec ces quantités elle fait 25 barres. Combien d'onces de noix y a-t-il dans chaque barre de granola ?

3. Adam a 16.45 kg de farine et il en utilise 6.4 kg pour faire des brioches. Il lui reste juste assez de farine pour faire 15 fournées de scones. Quelle quantité de farine, en kg, utilise-t-il pour chaque fournée de scones ?

4. 90 élèves de 5e année vont en excursion. Chaque élève donne 9.25 $ pour l'entrée au théâtre et le repas de midi. L'entrée pour tous les élèves va coûter 315 $ et chaque élève recevra la même somme d'argent pour le repas de midi. Combien chaque élève de 5e année recevra-t-il pour son repas de midi ?

5. Ben fait du matériel de manipulation à vendre. Il veut gagner au moins 450 $. Chaque matériel de manipulation coûte 18 $ à fabriquer. Il les vend 30 $ pièce. Combien doit-il en vendre au minimum pour atteindre son objectif ?

   Leçon 28:   Résoudre des énoncés de division intégrant des divisions à plusieurs chiffres avec unetaille de groupe inconnue et le nombre de groupes inconnu.

EUREKA MATH

1. Alonzo a 2,580.2 kilogrammes de pommes à livrer en quantités égales à19 magasins. Onze des magasins se trouvent à Philadelphie. Combien de kilogrammes de pommes va-t-il livrer dans les magasins de Philadelphie ?

$$2.580,2 \div 19 = 135,8$$


```
          1  3  5.  8
    19 | 2  5  8  0.  2
     -    1  9
             6  8
     -       5  7
                1  1  0
     -             9  5
                   1  5  2
     -           - 1  5  2
                         0
```

$$135,8 \times 11 = 1\ 493,8$$


```
        1  3  5.  8
   ×          1  1
     1  3  5  8
 + 1  3  5  8  0
   1  4  9  3.  8
```

1493.8 kilogrammes de pommes seront livrés dans des magasins de Philadelphie.

Leçon 29:　Résoudre des énoncés de division intégrant des divisions à plusieurs chiffres avec unetaille de groupe inconnue et le nombre de groupes inconnu.

2. L'aire d'un rectangle est de 88.4 m². Si la longueur est de 13 m, quel en est le périmètre ?

surface = longueur × largeur

largeur = surface ÷ longueur

= 88,4 m2 ÷ 13 m

= 6,8 m

Périmètre d'un rectangle = longueur + longueur + largeur + largeur

= 13 m + 13 m + 6.8 m + 6.8 m

= 26 m + 13.6 m

= 39.6 m

Le périmètre du rectangle est de 39.6 mètres.

Leçon 29: Résoudre des énoncés de division intégrant des divisions à plusieurs chiffres avec unetaille de groupe inconnue et le nombre de groupes inconnu.

EUREKA MATH

Nom _________________________________   Date _____________________

Résous.

1. Michelle veut économiser 150 $ pour aller au parc d'attractions Six Flags. Si elle économise 12 $ par semaine, dans combien de semaines aura-t-elle économisé assez d'argent pour aller à Six Flags ?

2. Karen travaille 85 heures au cours d'une période de deux semaines. Elle gagne 1,891.25 $ pendant cette période. Combien Karen gagne-t-elle pour 8 heures de travail ?

3. L'aire d'un rectangle est de 256.5 m². Si la longueur est de 18 m, quel est le périmètre du rectangle ?

4. Tyler a fait 702 cookies. Il les a vendus par boîtes de 18. Après avoir vendu toutes les boîtes de cookies au même prix, il a gagné 136.50 \$. Combien coûtait une boîte de cookies ?

5. Un parc est 4 fois plus long que large. Si la distance autour du parc est de 12.5 kilomètres, quelle est l'aire du parc ?

Leçon 29: Résoudre des énoncés de division intégrant des divisions à plusieurs chiffres avec unetaille de groupe inconnue et le nombre de groupes inconnu.

EUREKA
MATH

Crédits

Great Minds® a fait tout son possible pour obtenir l'autorisation de réimprimer tout le matériel protégé par des droits d'auteur. Si un propriétaire de matériel protégé par des droits d'auteur n'est pas mentionné dans le présent document, veuillez contacter Great Minds pour qu'il soit dûment mentionné dans toutes les éditions et réimpressions futures de ce module.

Printed by Libri Plureos GmbH in Hamburg,
Germany